核与辐射安全科普系列丛书之一

核　　能

环境保护部核与辐射安全中心　编著

中国原子能出版社

图书在版编目（ＣＩＰ）数据

核能 / 环境保护部核与辐射安全中心编著 .
— 北京 : 中国原子能出版社 , 2015.12
（核与辐射安全科普系列丛书）
ISBN 978-7-5022-7038-4

Ⅰ . ①核… Ⅱ . ①环… Ⅲ . ①核能 – 普及读物 Ⅳ .
TL-49

中国版本图书馆 CIP 数据核字 (2015) 第 315515 号

核能（核与辐射安全科普系列丛书）

出版发行	中国原子能出版社（北京市海淀区阜成路 43 号　100048）
策划编辑	付　凯
责任编辑	王　青
装帧设计	井晓明　赵　杰
责任校对	冯莲凤
责任印刷	潘玉玲
印　　刷	北京新华印刷有限公司
经　　销	全国新华书店
开　　本	710 mm × 1000 mm　1/16
印　　张	5.5
字　　数	106 千字
版　　次	2015 年 12 月第 1 版　2017 年 10 月第 2 次印刷
书　　号	ISBN 978-7-5022-7038-4　　定　价　32.00 元

《核能》编写人员

主　编

王昆鹏

编写人员

陈　岳　赵翰青　王桂敏　左　跃　王秀娟

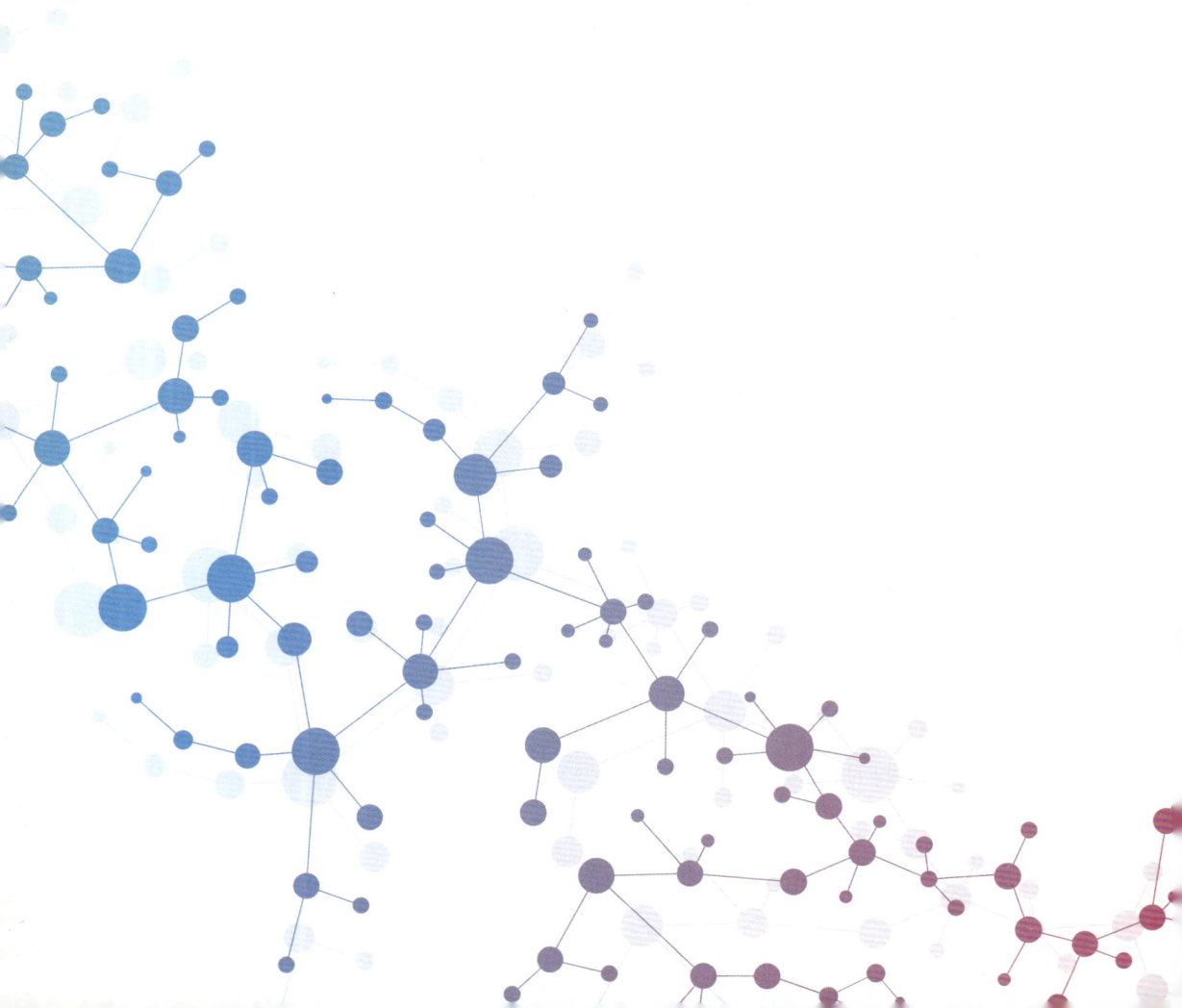

总　序

日本福岛核事故后，核电的安全性再一次在全球范围内引起广泛关注，但大多数公众对核能的认知还是停留在事故和灾难的阴影中。核电的社会接受度问题成为核能发展的重要瓶颈。就我国而言，还存在着公众对核与辐射知识匮乏，科普工作较为滞后，公众参与程度较低，信息公开透明程度不够，有效的信息反馈机制缺失等问题。因此，创新和完善核与辐射安全科普宣传体系和手段，提升核与辐射安全科普宣传实效，是提升国民科学素养，营造核电良好外部发展环境，提高公众对核电发展的接受度的有效途径，对促进核电事业安全高效发展具有重要意义。

为普及核与辐射安全知识，增强科普培训的针对性和有效性，国家核安全局核设施安全监管司委托环境保护部核与辐射安全中心制作针对不同对象的包括多媒体演示课件和配套文字资料的科普培训系列材料。经项目组多次讨论研究，目前该系列材料分为核能、核电、核燃料循环辐射环境影响和管理、核燃料循环、辐射防护、核技术利用、电磁辐射、核与辐射安全监管和核与辐射应急九篇，后续将根据需求进行续编。

本培训材料编写的目的，首先是让普通公众喜爱看，然后是看得懂，最后达到信任的目的，这是编写过程中一以贯之的理念。为保证科学性（写准），实用性（针对性），趣味性（喜闻乐见），编写过程中力求通过"三化"，即"专业化、通俗化、图示化"来实现上述"三性"。此外还要注意处理好专业与通俗，全面与片面，严肃与活泼，风险与利益，编写人的认知与公众的认知的平衡；同时结合时事热点，收集网络上错误的观点，通过反面问题来说明；尝试在编写中体现艺术感，具有一定的审美意识，表达核安全文化的人文关怀，这是更高一层的要求。

核能发展，科普先行，只有让更多的人走近核能、了解核能、信任核能——这一高效、清洁的非碳能源，核能才能实现高效安全的健康发展。

由于时间仓促，加之编写组实践经验和认识水平有限，难免有错误或不当之处，衷心盼望有关专家和广大读者不吝赐教，提出宝贵意见，以便改正。

《核与辐射安全科普系列丛书》编委会

2015年12月10日

序 一

随着文明的发展，人类在环境和能源问题上面临重大挑战，寻求清洁、高效、可靠的新能源势在必行。2015年联合国发展峰会上，中国发出了"探讨构建全球能源互联网，推动以清洁和绿色方式满足全球电力需求"的倡议，阐明了中国发展清洁能源的立场。为应对能源形势的新挑战，我国"十三五"规划中将能源结构调整作为下一阶段发展的主要着力点。积极推进能源供给侧改革，必须倚重清洁能源技术。核电作为清洁能源中一种成熟的基础能源，在改革进程中必将发挥重要作用。

积极推进核电建设不仅是我国重要的能源战略，也是国家"一带一路"和"走出去"战略的客观需求。近年来，我国风电、水电、太阳能等清洁能源和可再生能源获得突飞猛进的发展，但核电装机总量却仍处于低位。目前我国在运核电装机容量仅占电力总装机容量的2%左右，而一些发达国家则远高于此。如核电占比世界第一的法国，其核电装机容量占比高达77.7%，韩国为34.6%，俄罗斯为18%，美国将近20%。即便顺利实现规划目标——到2020年，我国在运在建核电总装机容量达到8 800万千瓦，其在我国能源总规模中占比仍然不大。为此，必须积极推进核电的安全高效发展。

我国运行核电机组安全业绩良好，迄今未发生国际核事件分级（INES）2级及其以上的运行事件，运行指标普遍处于世界核电运营者协会（WANO）中值以上，核设施周边环境辐射水平处于正常范围，核电厂的核辐射安全都处于受控状态。即便如此，仍然有许多公众对核与辐射安全不够了解，甚至存有误解。自日本福岛事故以来，人们似乎谈"核"色变，一方面斥责火电高能耗、高污染，一方面对核电的安全性存在顾虑。与此同时，国家对维护公众在重大项目中的知情权、参与权和监督权也愈加重视，公众意见已成为核能及相关项目能否落地的决定性因素之一。多方因素表明，核与辐射安全相关的科普宣传及与公众的沟通亟待加强。

《核与辐射安全科普系列丛书》首次从监管的视角，立足于核与辐射安全，从多个角度较为系统、全面地介绍了核能利用及其监管、核与辐射安全相关知识。系列丛书分为核能、核电、核燃料循环辐射环境影响和管理、核燃料循环、辐射防护、核技术利用、电磁辐射、核与辐射安全监管以及核与辐射应急等九个部分，丛书坚持以科学性为本，兼顾趣味性和通俗性，图文并茂，深入浅出。语言、示例贴近生活，形象又不失准确；数据、结论来源权威，审慎且不失活泼。为大家了解核能、核技术及核与辐射安全提供了一套较为容易"读懂"的读物。

写一套好的科普读物并非易事，好的科普书在于唤起公众的兴趣、提升人文情怀和传播正能量，相信这套丛书将把核电的安全和环保介绍给公众，更促进我国核电的安全高效发展。同时希望读者多提宝贵意见和建议，以便及时修订完善。最后，衷心感谢编者们为我国核能利用发展、公众沟通和环境保护所做的努力和贡献。

序 二

正处在工业化、城镇化发展阶段的中国，在追求经济发展同时也肩负生态文明建设的艰巨任务，可靠、稳定、安全、清洁、低碳的电力供应是国家经济发展和生活稳定的必要条件。面对环境治理和气候变化的挑战，安全、高效地发展核电是中国走向能源清洁化、低碳化的重要选择。核能利用，是一种大规模产生能源的方式，神奇但是并不神秘，如果管理得当，它将为我们带来巨大的社会效益。然而，就在我国意在大力发展核电的同时，却遭遇到了重重阻力。2016年4月1日，习近平在第四届华盛顿核安全峰会上的讲话中说，"学术界和公众树立核安全意识同样重要。我们还要做好核安全知识普及，增进公众对核安全的理解和重视。"国家核安全局局长李干杰曾指出，目前核电发展面临的最大的问题、最大的约束和瓶颈，不是技术问题，而是公众沟通、公众可接受度的问题。

公众对核与辐射安全的接受度与其对核与辐射安全的认知、态度、行为有着极其重要的关系。改变及提升公众的认知、态度、行为，必须开展行之有效的公众沟通工作，而科普宣传则是公众沟通工作中重要的一环。核与辐射事件和事故作为当前重要的突发环境事件，如果处置不当，就可能引发远超事故本身影响范围的社会公共事件，科普宣传开展的好坏直接影响涉及或参与事件人的反应，成为影响事件应对好坏的关键所在。比如2009年河南杞县的卡源事件最终演变为大规模的公众恐慌事件，究其主要原因是公众对放射源知识的缺乏。我国虽然很早就开展了核能和核技术开发利用工作，但长期以来对核与辐射安全文化的宣传和培育不足，大多数人的核与辐射知识十分匮乏，加上一些不恰当的宣传和误导，给核科学技术蒙上了一层神秘的面纱，公众对于核与辐射极度敏感，谈核色变。

《核与辐射安全科普系列丛书》从核能、核电、核燃料循环辐射环境影响和管理、核燃料循环、辐射防护、核技术利用、电磁辐射、核与辐射安全监管以及核与辐射应急九个方面，用尽可能通俗易懂的语言全面、系统地将核能与核技术利用的方方面面进行了讲解。

当然，由于在专业性和通俗性的统一上，存在一定的难度，该系列丛书难免会有一些瑕疵和不足，但是编者们在核与辐射安全知识科普工作中表现出的社会责任感和探索精神值得尊崇。且这类科普读物正是目前我国核电发展和社会公众所急需的，希望大家通过阅读这套丛书，既能认识到核能和核技术造福人类的巨大价值，同时也能正确理解核与辐射对环境和人类的影响及其潜在危害性，增强理性应对涉核事件事故的能力，促进核能与核技术更好地造福于人类。

潘自强

前　言

核能篇作为科普教材的第一篇，在设计上既可独立成篇又统揽全局。全篇从核能的基本原理开始，介绍了核能的应用、核能的优点以及核能的安全性，全篇共分为四章，每一章都提出一个问题，并予以回答。

第一章：概述：从"核"而来。本章首先回顾了核能发现的过程，接着介绍了核能的基本知识，核裂变、核聚变和核衰变三种核反应，最后介绍了核能资源；

第二章：核能的本领：无所不"能"。本章首先说明了核能和核技术的不同，接着详细地介绍了核能的多种应用，包括：核能发电、核能动力、核能武器、核能供热、核能基地（真正的无所不能）等；

第三章：核能的优势："核"乐不为。本章首先介绍了能源的现状及分类，接着详述了化石等传统能源的优缺点及问题，最后介绍核能的优点、核能的缺点及其克服办法；

第四章：核能安全："核"睦相处。本章开篇以示例的方式介绍了各种能源都曾发生的事故，其中核能也不例外；接着介绍了几次核事故，并且分析了其具体原因；最后从多方面阐述当前核电厂的安全措施，说明核电厂的安全性。

核能篇通过回答四个问题的方式，详细介绍了核能的来源、应用、特点及安全性，内容不失独立而又全面。

本书由王昆鹏主编，陈岳、赵翰青、王桂敏、左跃、王秀娟参与编写。其中第一章由陈岳执笔；第二章由王昆鹏、陈岳执笔；第三章由王昆鹏、左跃执笔；第四章由王桂敏、王秀娟执笔；各章附记由赵翰青执笔。

目　录

第一章　概述：从"核"而来 ……………………………………………… 1

第一节　看不见的原子 …………………………………………………… 1

第二节　神奇的核反应 …………………………………………………… 3

第三节　核能资源大家庭 ………………………………………………… 6

附记：核能发展简史 ……………………………………………………… 11

第二章　核能的本领：无所不"能" …………………………………… 14

第一节　核裂变能——第一种被"驯服"的核能 …………………… 14

第二节　核聚变能——"人工小太阳" ……………………………… 20

附记：几种核反应堆、核武器、核动力装置简介 …………………… 26

第三章　核能的优势："核"乐不为 …………………………………… 31

第一节　能源家族的困扰 ………………………………………………… 31

第二节　地球母亲的担忧 ………………………………………………… 33

第三节　核能的"小宇宙"（优势与前景） ………………………… 38

附记：世界和我国发展现状和规划 …………………………………… 41

第四章　核能安全："核"睦相处 …………………………………… 45

第一节　"愤怒的小能" ………………………………………………… 45

第二节　"低调"的核能 ……………………………………………… 58

第三节　驯服核能的法宝 ………………………………………………… 65

第一章

概述：从"核"而来

核能又叫原子能，想要了解核能，就要从微观世界中最基本的单位——原子说起。

原子：原子是构成自然界中各种物质的基本单位，由带正电的原子核和绕原子核旋转的带负电的电子共同构成。原子的内部结构如图1-1所示。

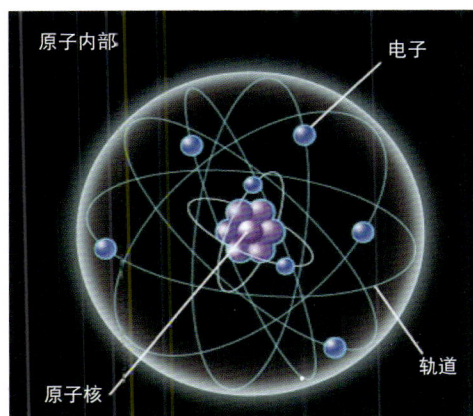

图1-1　原子的内部结构

原子核：原子核由质子和中子组成，质子带正电，中子不带电。原子核中质子的数量决定了该原子属于何种元素，原子的质量数等于质子数和中子数之和。图1-2所示为碳原子的结构示意图。

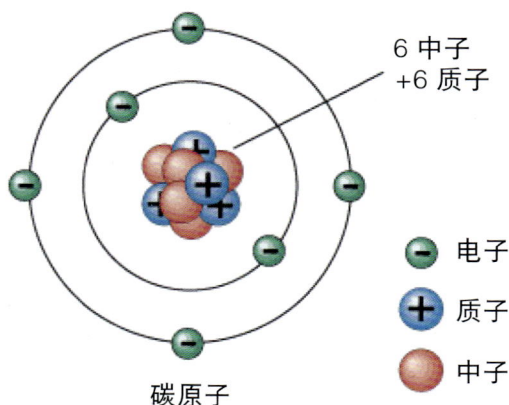

图1-2　碳原子结构示意图

电子：电子是一种带负电荷的粒子，在原子中围绕原子核旋转。不同的原子拥有的电子数目不同，例如，每一个碳原子中含有6个电子，每一个氧原子中含有8个电子。能量高的电子离原子核较远，能量低的电子离原子核较近。通常，把电子在离原子核远近不同的区域内运动这一规律称为电子的分层排布。

同位素：同一种元素中，质子数相同而中子数不同的一些原子互被称为同位素。例如：氕（^1H）、氘（^2H）和氚（^3H），它们原子核中都有1个质子，但是它们的原子核中却分别有0个中子、1个中子及2个中子，所以它们互为同位素。图1-3所示为氢和氦的同位素结构示意图。

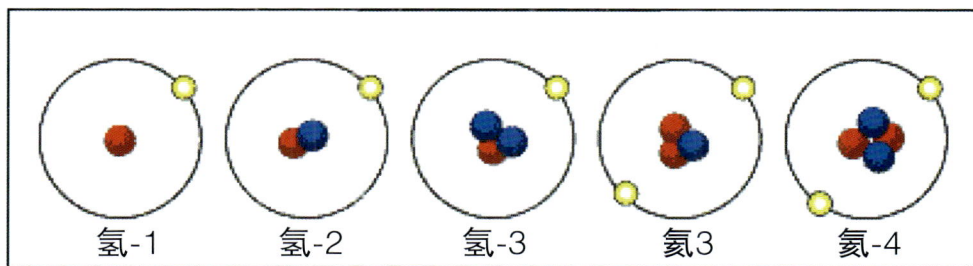

图1-3　氢和氦的同位素结构示意图

第二节　神奇的核反应

通常来说，核能是指发生核反应所产生的能量。

核反应：核反应是指入射粒子（或原子核）与原子核（即"靶核"）碰撞，导致原子核状态发生变化或形成新核的过程。这些入射粒子包括高能质子、中子、射线、氘核、粒子或其他核粒子。核反应遵守核子数、电荷、动量和能量守恒定律。

核能最主要的获得途径有两种，即核裂变反应与核聚变反应。

一、核裂变反应

核裂变反应：核裂变反应指一个重原子核（如铀、钍、钚等）分裂成两个或多个中等质量的原子核，反应的同时会释放出巨大能量，如图1-4所示。

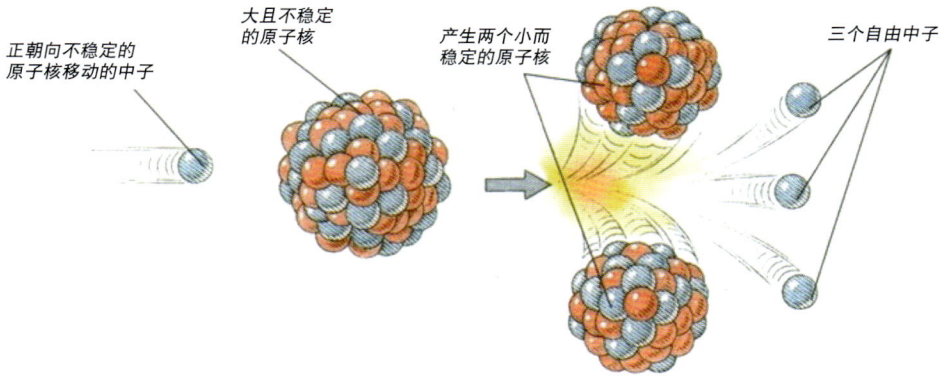

正朝向不稳定的
原子核移动的中子

大且不稳定
的原子核

产生两个小而
稳定的原子核

三个自由中子

图1-4　核裂变反应示意图

　　例如，用中子去轰击铀-235，可导致其裂变为2～3个中等质量的原子核和2个以上新的中子，并释放出原子核内的巨大能量。与此同时，这些新产生的中子又会引发新的原子核发生裂变，并持续不断地进行下去，这种反应过程称为链式裂变反应。

二、核聚变反应

　　核聚变反应：核聚变反应指在高温、高压和高密度的条件下，两个质量较小的原子核结合成质量较大的新核，反应的同时会释放出巨大能量。示意图如图1-5所示。

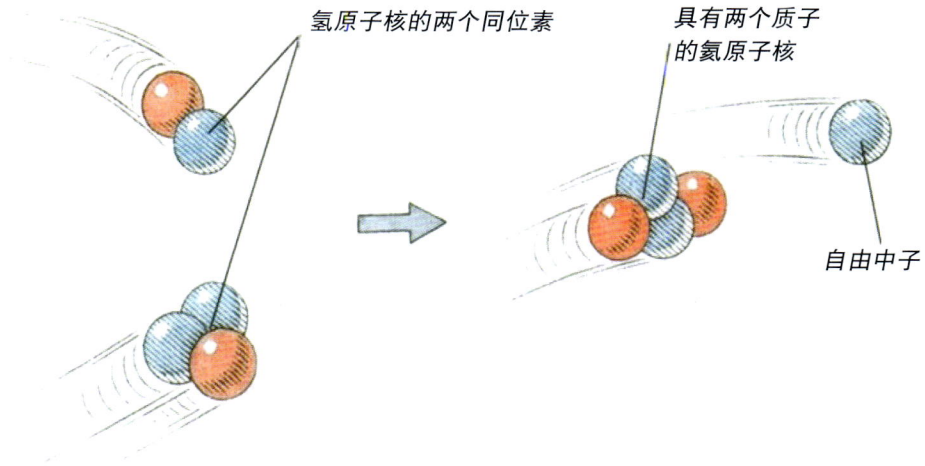

氢原子核的两个同位素

具有两个质子
的氦原子核

自由中子

图1-5　核聚变反应示意图

例如，氘核和氚核在一定条件下（如超高温、高压）可以聚变为氦核，在发生聚变反应的同时，会释放出巨大能量。核聚变反应所产生的能量比核裂变反应所产生的能量更大。太阳内部连续进行着氢聚变成氦的过程，它的光和热就是由这种不断的核聚变反应产生的。

三、核能与核技术利用的区别

根据核能的定义我们不难理解，核能利用主要指的是对核反应过程中所释放出的能量进行的利用。例如核能发电、核能供热、原子弹、氢弹等等。而核技术利用则是指对特殊核素的原子特性（如放射性等）进行的利用，主要包括利用射线的贯穿本领和对物质原子的电离本领。例如X光成像、辐照杀菌、无损检测、医学放射免疫分析等。

第三节　核能资源大家庭

核能资源如同煤、石油、天然气一样，是核能利用的重要燃料，下面就来认识一下它们。

一、核能资源的种类

在自然界中储藏着多种多样的核能资源，常见的能作为核燃料的资源有铀、钍、氘、锂等等。地球上可供开发的核燃料资源所能提供的能量是化石燃料的十多万倍。

铀：铀是一种放射性金属元素（见图1-6），是自然界中能够找到的最重元素，有些同位素可在自然状态下产生核裂变反应，是制造核燃料的重要原料，也是目前使用最广泛的核燃料之一。铀通常被人们认为是一种稀有金属，尽管铀在地壳中的含量很高，比汞、铋、银要多得多，但提取的难度却较大。同时，虽然铀在地壳中分布广泛，但是只有沥青铀矿（见图1-7）和钾钒铀矿（见图1-8）两种常见的矿床。

图1-6　铀

图1-7　沥青铀矿

图1-8　钾钒铀矿

　　钍：钍是一种放射性金属元素，经过中子轰击可以得到铀-233，因此它是潜在的核燃料。钍广泛分布在地壳中，是一种前景十分可观的核能资源。钍以化合物的形式存在于矿物内〔例如独居石（见图1-9）和钍石〕，通常与稀土金属联系在一起，天然存在的钍是质量数为232的钍同位素。

图1-9　独居石

锂：锂是质量最轻、密度最小的金属元素（见图1-10）。锂-6捕捉低速中子的能力很强，可以用来控制铀反应堆中核反应发生的速度，可用作核反应装置中的冷却剂。锂-6在原子核反应堆中用中子照射后，可以得到用于核聚变反应的氚，是潜在的核燃料。自然界中主要的锂矿物为锂辉石（见图1-11）、锂云母（见图1-12）、透锂长石和磷铝石等。

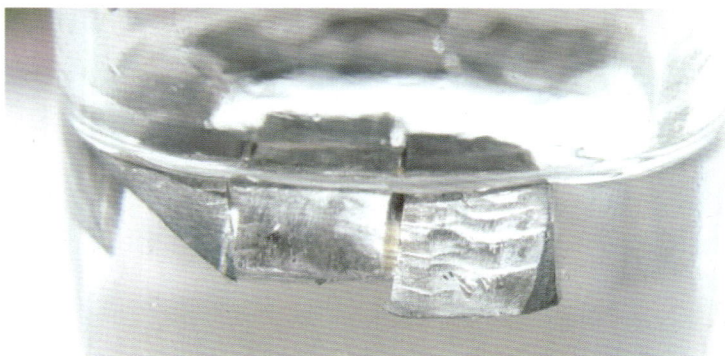

图1-10　金属锂

图1-11 锂辉石

图1-12 锂云母

氘：氘是氢的同位素，氘也被称为重氢，可用于核聚变反应，是未来重要的核燃料。氘的提取方法简便，成本较低，核聚变堆的运行也是十分安全的。因此，利用海水中氘的核聚变能解决人类未来的能源需要，有着广阔的前景。

二、核能资源的分布

核能资源的分布十分广泛，但是不同种类的核资源分布不均，有些资源提取难度较大，现有开发利用水平不高，因此核资源尚有较大的发展利用空间。

铀： 全世界陆地上的铀矿资源储藏量并不丰富，较适于开采的只有100万吨左右，加上低品位铀矿及其副产铀化物，总量也不超过500万吨。主要分布于澳大利亚、哈萨克斯坦、加拿大等国。而在海水中溶解的铀的数量可达45亿吨，但可用于商业化的提取技术尚处于研究阶段。

钍： 世界上的钍矿资源相对丰富，最常见的含钍矿物——独居石在世界各国已探明的储量达几百万吨。独居石的主要生产国是：澳大利亚、印度、巴西、马来西亚、南非、泰国、中国等，这些国家的独居石产量占世界独居石总产量的90%以上。

氘： 氘资源主要储存于海洋中。海水中氘的含量为十万分之三，即1升海水中含有0.03克氘，这0.03克氘聚变时释放出的能量约等于300升汽油燃烧的能量。海水的总体积为13.7亿立方千米，所以海水中的氘储量是十分巨大的。这些氘的聚变能量，足以保证人类上百亿年的能源消费。

目前我国铀矿山规模以中、小型为主，铀矿石品位偏低。2008年产量为769吨，主要产于江西、新疆、陕西和辽宁，可提供当前国内核电40%的需求，不足部分主要从哈萨克斯坦、俄罗斯、纳米比亚和澳大利亚进口。

而我国的钍矿资源相对丰富，据资料显示，内蒙古白云鄂博矿区"钍"储量约为22.14万吨，占全国"钍"储量28.6万吨的77.3%。另据分析，截至2010年底，包钢尾矿坝内的"钍"矿储量应当达到9万吨左右。

附记：核能发展简史

19世纪末 英国物理学家汤姆逊发现了电子。

1895年 德国物理学家伦琴发现了X射线。

1896年 法国物理学家贝克勒尔发现了放射性。

1898年 居里夫人发现新的放射性元素钋。

1902年 居里夫人经过4年的艰苦努力又发现了放射性元素镭。

1905年 爱因斯坦提出质能转换公式。

1914年 英国物理学家卢瑟福通过实验，确定氢原子核是一个正电荷单元，称为质子。

1935年 英国物理学家查德威克发现了中子。

1938年 德国科学家奥托哈恩用中子轰击铀原子核，发现了核裂变现象。

1942年12月2日 美国芝加哥大学成功启动了世界上第一座核反应堆。

1945年8月6日和9日 美国将两颗原子弹先后投在了日本的广岛和长崎。

1954年 苏联建成了世界上第一座核电厂——奥布灵斯克核电厂。英、美等国也相继建成各种类型的核电厂。

1960年　有5个国家建成20座核电厂，装机容量1 279兆瓦。

1966年　由于核浓缩技术的发展，核能发电的成本已低于火力发电的成本。核能发电真正迈入实用阶段。

1978年　全世界22个国家和地区正在运行的30兆瓦以上的核电厂反应堆已达200多座，总装机容量已达107 776兆瓦。

1991年　80年代因化石能源短缺日益突出，核能发电的进展更快。全世界近30个国家和地区建成的核电机组为423套，总容量为3.275亿千瓦，其发电量占全世界总发电量的约16％。

在1945年之前，人类在能源利用领域只涉及物理变化和化学变化。二战时，原子弹诞生了。人类开始将核能运用于军事、能源、工业、航天等领域。美国、俄罗斯、英国、法国、中国、日本、以色列等国相继展开对核能应用前景的研究。

中国大陆的核电起步较晚，80年代才动工兴建核电厂。中国自行设计建造的300兆瓦秦山核电厂在1991年底首次并网发电。大亚湾核电厂于1987年开工，于1994年全部投入商业运行。

中国能源结构仍以煤炭为主体，清洁优质能源的比重偏低。如今，中国正在加大能源结构调整力度，积极发展煤、油、天然气、核电、新能源、可再生能源多轮驱动的能源供应体系。从核电发展总趋势来看，中国核电发展的技术路线和战略路线早已明确并正在执行：近期发展热中子反应堆核电厂；为了充分利用铀资源，采用铀钚循环的技术路线，中期发展快中子增殖反应堆核电厂；远期发展聚变堆核电厂，从而基本上"永远"解决能源需求的矛盾。

参考文献

[1] 宁平治. 原子核物理基础[M]. 北京：高等教育出版社，2003.

[2] 蒋明. 原子核物理导论[M]. 北京：原子能出版社，1983.

[3] 李子颖. 发展核能资源先行[J]. 中国核工业，2014(2):21-21.

[4] 张金带，李子颖，蔡煜琦，等. 全国铀矿资源潜力评价工作进展与主要成果[J]. 铀矿地质，2012(6):321-326.

[5] 韦中燊. 漫谈核能的历史[J]. 现代物理知识，2005(2).

第 二 章
核能的本领：无所不"能"

第一节　核裂变能——第一种被"驯服"的核能

　　第一章中介绍了核裂变反应的基本原理，下面进一步向大家展示核裂变反应能给我们的生活带来哪些重要的影响。

一、目前应用

　　（一）核电厂

　　1942年，以费米为首的一批科学家在美国建成了第一座"人工核反应堆"，首次实现了人类历史上铀核可控自持链式裂变反应。此后，经过科学家们的不断深入研究，核裂变逐渐被人类所"驯服"，应用于发电之中，成为一项重要的能源供给方式。目前商业运转中的核能发电厂都是利用核裂变反应而发电。核电厂一般分为两部分：利用原子核裂变生产蒸汽的核岛（包括反应堆装置和一回路系统）和利用蒸汽发电的常规岛（包括汽轮发电机系统），使用的燃料一般是放射性重金属：铀、钚。图2-1所示为压水堆核电厂工作原理。

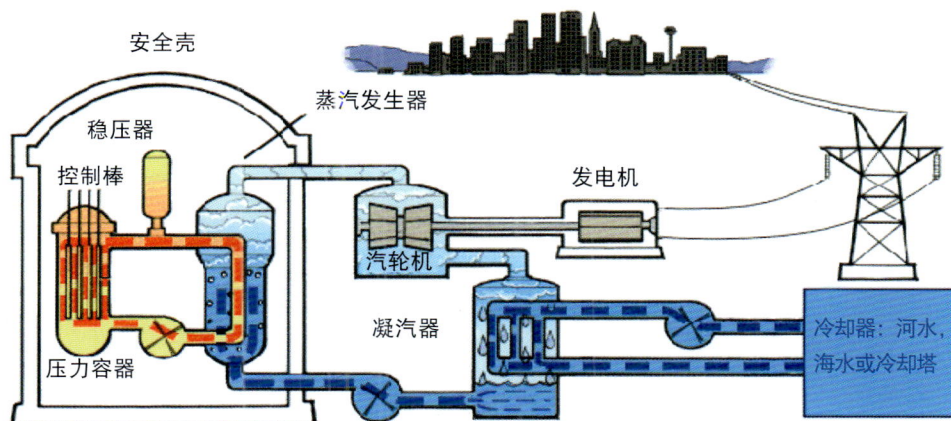

图2-1　压水堆核电厂工作原理

（二）核动力装置

　　核动力，顾名思义就是用核能产生动力，其原理是利用可控的核反应来获取能量，经过一系列的转化过程得到动力（见图2-2）。因为核辐射问题和现在人类还只能控制核裂变反应，所以核能暂时未能得到大规模的利用。利用核反应来获取能量的原理是：当裂变材料（例如铀-235）在受人为控制的条件下发生核裂变时，核能就会以热的形式被释放出来，这些热量会被用来驱动蒸汽机。蒸汽机可以直接提供动力，也可以连接发电机来产生电能。世界各国军队中的大部分潜艇及航空母舰都以核能为动力。核动力可以应用到各个方面，常用的有核动力航母、潜艇、破冰船等，未来还有可能会出现核动力飞机。

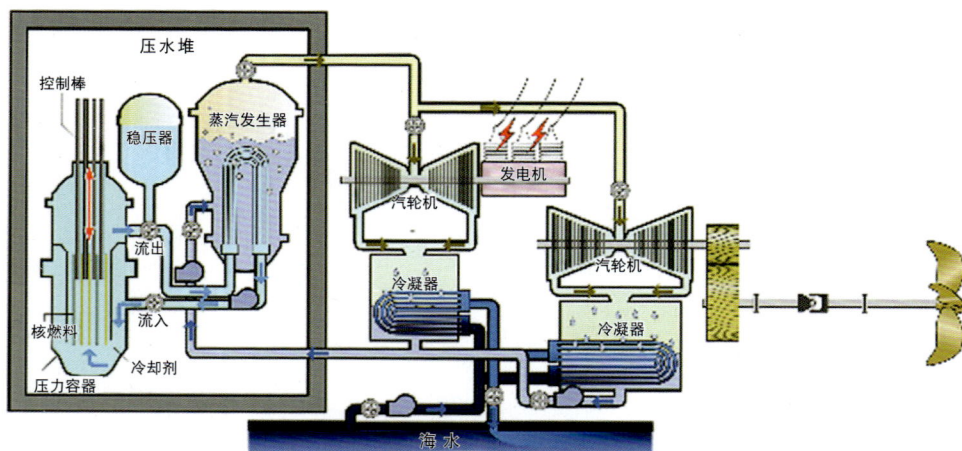

图2-2　压水堆核动力装置原理图

（三）原子弹

图2-3　我国第一颗原子弹

原子弹的威力相信大家都有所耳闻，它是利用铀-235或钚-239等重原子核的裂变链式反应原理制成的裂变武器，利用核反应的光热辐射、冲击波和感生放射性造成杀伤和破坏作用，以及造成大面积放射性污染，阻止对方军事行动以达到战略目的，威力通常为几百至几万吨级TNT当量。

中国在发展核武器方面完全走的是一条自力更生、艰苦奋斗的道路。1964年10月16日，我国成功地爆炸了第一颗原子弹（见图2-3），在发展我国自己核武器的里程上迈出了关键的第一步，也是我国在核能利用和发展中一个里程碑式的进步。

二、未来发展方向

自1954年苏联建成电功率为5兆瓦的实验性核电厂以来，核电技术不断进步，其发展进程可以划分为第一、二、三、四代。

（一）第一代核电厂

从1950年到60年代初苏联、美国等建造的第一批单机容量在300兆瓦左右的核电厂，如美国的希平港核电厂和英第安角1号核电厂，法国的舒兹(Chooz)核电厂，德国的奥珀利海母(Obrigheim)核电厂，日本的美浜1号核电厂等。第一代核电厂属于原型堆核电厂，主要目的是为了通过试验示范形式来验证其核电在工程实施上的可行性。

（二）第二代核电厂

第二代核电厂主要是实现商业化、标准化、系列化、批量化，以提高经济性。自60年代末至70年代世界上建造了大批单机容量在600～1 400兆瓦的标准化和系列化核电厂，以美国西屋公司为代表的Model 212（600兆瓦，两环路压水堆，堆芯有121盒组件，采用12英尺燃料组件）、Model 312（1 000兆瓦，三环路压水堆，堆芯有157盒组件，采用12英尺燃料组件，）、Model 314（1 040兆瓦，三环路压水堆，堆芯有157盒组件，采用14英尺燃料组件）、Model 412（1 200兆瓦，四环路压水堆，堆芯有193盒组件，采用12英尺燃料组件，）、Model 414（1 300兆瓦，四环路压水堆，堆芯有193盒组件，采用14英尺燃料组件）、System80（1 050兆瓦，二环路压水堆）以及一大批沸水堆（BWR）均可划入第二代核电厂范畴。法国的CPY，P4，P4也属于Model 312，Model 414一类标准核电厂。日本、韩国也建造了一批Model 412、BWR、System80等标准核电厂。

第二代核电厂是目前世界正在运行的核电厂的主力机组，还共有34台在建核电机组，总装机容量为0.278亿千瓦。在三哩岛核电厂和切尔诺贝利核电厂发生事故之后，各国对正在运行的核电厂进行了不同程度的改进，在安全性和经济性上都有了不同程度的提高。

（三）第三代核电厂

对于第三代核电厂类型有各种不同看法。美国核电用户要求文件（URD）和欧洲核电用户要求文件（EUR）提出了下一代核电厂的安全和设计技术要求，它包括了改革型的能动（安全系统）核电厂和先进型的非能动（安全系统）核电厂，并完成了全部工程论证和试验工作以及核电厂的初步设计，它们将成为下一代（第三代）核电厂的主力堆型。

第三代核电厂的安全性和经济性都将明显优于第二代核电厂。由于安全是核电发展的前提，世界各国除了对正在运行的第二代机组进行延寿与补充性地建一些二代加的机组外，接下来新一批的核电建设重点是采用更安全、更经济的先进第三代核电机组。我国引进的美国非能动AP1000核电厂以及广东核电集团公司引进的法国EPR核电厂都属于第三代核电厂。

另外，我国也研发了具有完全自主知识产权的第三代反应堆——华龙一号。华龙一号是由中国两大核电企业中国核工业集团公司和中国广核集团在我国30余年核电科研、设计、制造、建设和运行经验的基础上，根据福岛核事故经验反馈以及我国和全球最新安全要求，研发的先进百万千瓦级压水堆核电技术。华龙一号凝聚了中国核电建设者的智慧和心血，实现了先进性和成熟性的统一、安全性和经济性的平衡、能动与非能动的结合，具备国际竞争优势，有望短时间内填补中国国内技术空白，具备参与国际竞标条件。

（四）第四代核能系统

第四代核能系统概念（有别于核电技术或先进反应堆），最先由美国能源部的核能、科学与技术办公室提出，始见于1999年6月美国核学会夏季年会，同年11月该学会冬季年会上，发展第四代核能系统的设想得到进一步明确；2000年1月，美国能源部发起并约请阿根廷、巴西、加拿大、法国、日本、韩国、南非和英国等9个国家的政府代表开会，讨论开发新一代核能技术的国际合作问题，取得了广泛共识，并发表了"九国联合声明"。随后，由美国、法国、日本、英国等核电发达国家组建了"第四代核能系统国际论坛（GIF）"，拟于2～3年内定出相关目标和计划；这项计划总的目标是在2030年左右，向市场推出能够解决核能经济性、安全性、废物处理和防止核扩散问题的第四代核能系统（Gen-IV）。

第四代核能系统将满足安全、经济、可持续发展、极少的废物生成、燃料增殖的风险低、防止核扩散等基本要求。目前，世界各国都在不同程度地开展第四代核能系统的基础技术和学课的研发工作。第四代核电能系统包括三种快中子反应堆系统和三种热中子反应堆系统：钠冷快堆系统、铅合金冷却快堆系统、气冷快堆系统、超高温堆系统、超临界水冷堆系统、熔盐堆系统。这六种堆型代表了核裂变能未来的发展方向。

第二节　核聚变能——"人工小太阳"

通过第一章的讲解，我们知道了核聚变的基本原理，正如太阳内部连续进行着的氢聚变成氦的过程，它的光和热就是由核聚变产生的。相比核裂变，核聚变几乎不会带来放射性污染等环境问题，而且其原料可直接取自海水中的氘，来源几乎取之不尽，是理想的能源方式。

一、当前的应用

核聚变的应用主要有军事用途（不受控制的核聚变）和民用发电（受控核聚变）两种。人类已经可以实现不受控制的核聚变，如氢弹的爆炸。但是要想能量可被人类有效利用，必须能够合理地控制核聚变的速度和规模，实现持续、平稳的能量输出。科学家正努力研究如何控制核聚变。

（一）聚变电厂

为了实现聚变的可控利用，科学家进行了多种尝试，这些研究包括：

（1）托卡马克：为实现磁力约束，需要一个能产生足够强的环形磁场的装置，这种装置就被称作"托卡马克装置"——TOKAMAK，即俄语中由"环形"、"真空"、"磁"、"线圈"单词的首字母组成的缩写。早在1954年，在原苏联库尔恰托夫原子能研究所建成了世界上第一个托卡马克装置。当时的托卡马克装置是个很不稳定的东西，搞了十几年，也没有得到能量输出，直到1970年，苏联才在改进了很多次的托卡马克装置上第一次获得了实际的能量输出，这使得全世界看到了希望，纷纷建设起自己的大型托卡马克装置，欧洲建设了联合环-JET，苏联建设了T20，日本的JT-60和美国的TFTR（托卡马克聚变实验反应器的缩写）。中国也不例外，在70年代就建设了数个实验托卡马克装置——环流一号（HL-1）和CT-6，后来又建设了HT-6，HT-6B，以及改建了HL1M，新建了环流二号。此外，在建的还有德国的螺旋石-7，规模比EAST大，但是技术水平差不多。

（2）ITER：2005年正式确定的国际合作项目ITER，也就是国际热核实验反应堆的缩写，地点在法国的卡达拉申，这个项目从1985年开始，由苏联、美国、日本和欧盟共同提出，目的是建立第一个试验用的聚变反应堆。

（3）EAST：EAST位于中国合肥，是目前为止，超托卡马克反应体部分，唯一能给ITER提供实验数据的装置，它的结构和应用的技术与规划中的ITER完全一样，没有的仅仅是换能部分。EAST解决了几个重要问题：第一次采用了非圆形垂直截面，目的是在不增加环形直径的前提下增加反应体的体积，提高磁场效率。第一次全部采用了液氦无损耗的超导体系。液氦是很贵的，只有在线圈材料上下工夫，尽量少用液氦，同时让液氦可以循环使用，尽量减少损耗的系统才可能投入使用。此外，EAST还是世界上第一个具有主动冷却结构的托卡马克，它的第一壁是主动冷却的，连接的是一个大型冷却塔，它的冷却水可以保证在长时间运行后将反应产生的热量带走，维持系统的温度平衡，一方面是为真正实现稳定的受控聚变迈出的重要一步，另一方面也是工程化的重要标志——冷却塔换成汽轮机是可以发电的。从某种意义上，它就是ITER主反应体大约1/4的一个原型实验装置。

（二）氢弹

氢弹是利用原子弹爆炸的能量点燃氢的同位素氘、氚等质量较轻的原子的原子核发生核聚变反应（热核反应）并瞬时释放出巨大能量的核武器，又称聚变弹、热核弹、热核武器。氢弹的杀伤破坏因素与原子弹相同，但威力比原子弹大得多。原子弹的威力通常为几百至几万吨级TNT当量，氢弹的威力则可大至几千万吨级TNT当量。还可通过设计增强或减弱其某些杀伤破坏因素，其战术技术性能比原子弹更好，用途也更广泛，其爆炸中心温度可达3.5亿摄氏度，远远高于太阳中心温度（约1 500万摄氏度）。

1967年6月17日中国自行设计、制造的第一颗氢弹在中国西部地区上空试爆成功，震惊世界的蘑菇云异常炫目耀眼。氢弹的爆炸成功，使中国真正跨入核大国的行列。

第一颗氢弹的爆炸成功，是中国核武器发展史上的又一次飞跃。它对于加强中国的国防能力有着极其重要的现实意义。中国拥有了氢弹，对于提高中国的国际地位，维护世界和平和第三世界国家的利益，有着战略性的作用。

第一颗氢弹爆炸成功后，中国政府再次郑重声明："中国进行必要的有限制的核试验，发展核武器，完全是为了防御。其最终目的是为了消灭核武器。我们再一次郑重宣布，在任何时候，任何情况下，中国都不会首先使用核武器。我们说的话，从来是算数的。中国人民和中国政府将一如既往地继续同全世界一切爱好和平的人民和国家一道，共同努力，坚持斗争，为完全禁止和彻底销毁核武器的崇高目标而奋斗！"

二、未来发展方向

目前聚变的应用主要是核武器，和裂变一样，和平利用聚变能发电是科学家正在努力的方向。

裂变堆的核燃料有限，而且废物处置问题相当麻烦，相比核裂变，核聚变几乎不会带来放射性污染等环境问题，而且其原料可直接取自海水中的氘，来源几乎取之不尽，是目前认识到的可以最终解决人类社会能源问题和环境问题、推动人类社会可持续发展的重要途径之一。氘—氚聚变反应将释放巨大的能量，一升海水中含30毫克氘，通过聚变反应可释放出的能量相当于300多升汽油的能量。要实现持续的轻核聚变反应，要求相当苛刻，必须在超高温和高压的情况下发生，而且伴随着巨大的能量释放，温度可达上亿摄氏度，几乎没有任何材料可以承受。人类已经实现不受控制的核聚变，如氢弹的爆炸，但要想有效利用核聚变释放的能量，必须合理控制核聚变的速度和规模，实现持续、平稳的能量输出。为了早日能够实现聚变能的可控释放，科学家进行了很多尝试，提出了很多种解决方法。

（一）磁约束型核聚变

磁约束型聚变反应堆是用特殊形态的磁场把氘、氚等轻原子核和自由电子组成的、处于热核反应状态的超高温等离子体约束在有限的体积内，使它受控制地发生大量的原子核聚变反应，释放出原子核所蕴藏的能量。磁约束热核聚变是当前开发聚变能源中最有希望的途径，在受控核聚变的探索方面，已提出了许多种磁约束途径，其中环形磁约束装置（托卡马克）是目前各个实验方案中最成功的方法。托卡马克的中央是一个环形的真空室，外面缠绕着线圈，在通电的时候托卡马克的内部会产生巨大的螺旋形磁场，将其中的等离子体加热到很高的温度，以达到核聚变的目的。中科院等离子体所的EAST采用世界上第一个非圆截面全超导托卡马克，西南物理研究院的中国环流器一号以及国际热核聚变实验堆（ITER）计划也都采用托卡马克的原理实现聚变能的可控释放。磁约束设备比较大，但反应持续性能好，不需要反复点火，适合作为核电厂、大型船舶的供电系统，但其缺点在于开关火性能不佳，灵活度不够，而且维持强磁场所需的电能成本也不低。

（二）惯性约束型核聚变

惯性约束核聚变是把几毫克的氘和氚的混合气体或固体，装入直径约几毫米的小球内。从外面均匀射入激光束或粒子束，球面因吸收能量而向外蒸发，受它的反作用，球面内层向内挤压（反作用力是一种惯性力，靠它使气体约束，所以称为惯性约束），小球内气体受挤压而压力升高，并伴随着温度的急剧升高。当温度达到所需要的点火温度（大概需要几十亿摄氏度）时，小球内气体便发生爆炸，并产生大量热能。这种爆炸过程时间很短，只有几个皮秒（1皮秒等于1万亿分之一秒）。如每秒钟发生三四次这样的爆炸并且连续不断地进行下去，所释放出的能量就相当于百万千瓦级的发电站。惯性约束中激光约束技术最为成熟，这主要是因为激光技术能产生聚焦良好的能量巨大的脉冲光束，因此我国的神光装置以及美国的国家点火装置都采用这种核聚变约束形式。另外，中国工程物理研究院研制的Z箍缩驱动聚变技术也属于惯性约束，它是利用脉冲功率技术，创造大电流从金属套筒（后变为等离子体）流过的条件，产生超强电磁内爆，使等离子体套筒获得足够的内爆动能，然后与聚变靶丸相互作用，把动能变为辐射能，近似球对称低压缩热核燃料，最终实现大规模的热核聚变。惯性约束的好处在于设备可以做小，而且开、关火控制性能也比较好，适合在未来用于飞行器等领域，但其缺点是需要消耗大量能源产生激光用来点火，而且燃料靶丸制造成本也很高。

（三）聚裂变混合堆

目前的聚变技术，包括进展得比较快的托卡马克，为了获得有益的能量输出，要求聚变产生的能量，远大于为创造实现聚变的条件而消耗的能量，距离商业应用还有相当一段距离。而聚变裂变混合堆只要求聚变产生的能量与消耗的能量差不多相等就可以了，因而它对聚变的要求比纯聚变堆容易些，是实现聚变能商业应用的捷径。所谓聚变裂变混合堆就是利用聚变反应产生的中子，在聚变反应室外的铀-238、钍-232包层中，生产钚-239或铀-233等核燃料，同时释放出裂变能。从能量得失来看，聚变裂变混合堆利用裂变倍增了聚变能，其值可达一个数量级，因此聚变堆芯只要接近或达到能量得失相当，就有建造的意义。在混合堆中，聚变要不断加料才得以维持，而裂变处于次临界状态，不存在超临界等安全问题。当前一些大型托卡马克装置已达到混合堆的聚变堆芯要求，而裂变是成熟技术可以直接采用。混合堆减轻了对材料的要求，是纯聚变堆商用的过渡堆型。

（四）核爆聚变电厂

所谓核爆聚变电厂就是利用聚变装置爆炸释放的能量来发电，聚变装置的设计原理和氢弹基本相同。由于核爆炸释放的能量是瞬间的，而且非常巨大，因此如何将核爆炸的能量安全地转化成可以利用的热能和电能，技术难度非常大。在设想的电厂当中，核装置在一个巨大的洞室中爆炸，爆炸之前往洞中喷液态金属钠，并使钠在爆炸时刻在爆炸装置的周围形成一定的分布从而大量吸收爆炸的能量，同时还可以有效降低爆炸冲击对爆破洞壁的作用强度。爆炸后，把加热了的钠从洞中抽出，与电厂第二回路形成热交换，从而发电。当然要实现核爆聚变电厂，还需要解决很多问题，例如核燃料的生产和回收问题、安全地把核爆炸能转换为热能和电能，同时还要大幅减少工程技术上的难度。

　　除了以上几种利用聚变能的方式，科学家还研究了重力场约束型核聚变、常温核聚变、L子催化核聚变、超声波核聚变以及气泡核聚变等聚变方法，这些都是人们试图实现核聚变受控，实现能量持续平稳输出的有力尝试。希望能够通过人们的不断努力，让我们早日用上能量取之不尽用之不竭的人造"小太阳"，从而在享受现代科技带来的舒适便利之时，又采用清洁、安全的能源而不污染环境。

附记：几种核反应堆、核武器、核动力装置简介

一、核反应堆

　　全世界的反应堆，主要有以下5种。

　　轻水堆：用普通水作冷却剂(又称载热剂)和慢化剂。它有沸水堆(BWR)和压水堆(PWR)两种。轻水堆是目前应用最为广泛的堆型，其中又以压水堆最为成熟，我国在役和在建的轻水堆都是压水堆。

　　重水堆：用重水作冷却剂和慢化剂。重水就是由氘和氧组成的水分子。我国秦山核电公司的第三期工程建成的核电厂，为重水堆(CANDU-6型)。重水堆相对于轻水堆的优势是，轻水堆的核燃料中，^{235}U丰度为2%～5%，换料时必须停堆。而重水堆的核燃料中^{235}U丰度仅是铀元素的天然丰度0.72%，换料时不必停堆。

　　高温气冷堆：使用氦气作冷却剂，石墨作慢化剂。

石墨气冷堆： 使用二氧化碳作冷却剂，石墨作慢化剂。

石墨水冷堆： 使用水作冷却剂，石墨作慢化剂。

除了上述5种反应堆，还有快堆、聚变堆等先进堆型。

快堆： 是快中子增殖反应堆的简称。冷却剂用金属钠，并正在研究气冷和铅冷。在热堆中，热中子的平均能量为0.025兆电子伏特，在快堆中，中子能量大于0.1兆电子伏特，有时也把能量高于热中子能量的中子称为快中子。快堆中不用中子慢化剂。

我国于"863"计划制定后启动了快堆研究，世界上早在1951年美国就建成了功率为1 400千瓦的快中子堆。现在全世界有20座快堆在运行，它们分别建在法、美、德、日、印度、韩国和俄罗斯。我国的"纲要"中，把"快中子堆技术"列为"前沿技术"。预计在今后的十余年内研究并掌握快堆设计的核心技术，建成65兆瓦实验快堆，实现临界及并网发电。

核聚变堆： 核聚变是指两个质量小的原子，主要是指氘或氚，聚合成较重的原子核，并释放出中子的核反应。氘和氚的核聚变，目前还不可控，所以只能制造氢弹。科学家们的研究证明，要实现受控的聚变，有两种途径：一个叫作磁约束，另一个叫作惯性约束。我国核工业西南物理研究院的托卡马克装置属于磁约束类，并建成了中国环流器一号、新一号和二号3个装置。欧盟、日本、俄罗斯、加拿大等，正在积极推行新的国际热核实验堆计划。中国把"磁约束核聚变"列为2005—2020年的"前沿技术"项目，对受控核聚变进行全面攻关。

二、核武器

核武器指包括原子弹、氢弹、中子弹、三相弹、反物质弹等在内的与核反应有关的巨大杀伤性武器。

原子弹：主要利用铀-235或钚-239等重原子核的裂变链式反应原理制成的裂变武器，利用核反应的光热辐射、冲击波和感生放射性造成杀伤和破坏作用，以及造成大面积放射性污染，阻止对方军事行动以达到战略目的，威力通常为几百至几万吨级TNT当量。

氢弹：核武器的一种，是利用原子弹爆炸的能量点燃氢的同位素氘（D）、氚（T）等质量较轻的原子的原子核发生核聚变反应（热核反应）瞬时释放出巨大能量的核武器，又称聚变弹、热核弹、热核武器。氢弹的杀伤破坏因素与原子弹相同，但威力比原子弹大得多，可大至几千万吨级TNT当量。还可通过设计增强或减弱其某些杀伤破坏因素，其战术技术性能比原子弹更好，用途也更广泛。

中子弹：中子弹是一种以高能中子辐射为主要杀伤力的低当量小型氢弹。更正式的名称是强辐射武器。中子弹是特种战术核武器，爆炸波效应减弱，辐射增强。只杀伤敌方人员，对建筑物和设施破坏很小，也不会带来长期放射性污染，尽管从未曾在实战中使用过，但军事家仍将之称为战场上的"战神"——一种具有核武器威力而又可用的战术武器。

三、核动力装置

核动力装置（Nuclear Power Plant)是以核燃料代替普通燃料，利用核反应堆内核燃料的裂变反应产生热能并转变为动力的装置。核动力装置主要用于：

发电：与火力发电相比，核电厂基建投资较高，但燃料费用较低，发电成本也较低。在正式运行的核电厂中，广泛采用的是热中子轻水堆

（包括压水堆和沸水堆），其次是气冷堆和重水堆。其中除沸水堆核电厂外，其他堆型中核电厂汽轮机的蒸汽均不直接与核反应堆接触，所以汽轮机基本上无放射性污染。

推进潜艇和水面舰船：核动力装置能以较少的燃料提供较大的动力，故核潜艇的航速快、续航能力大。这类核动力装置几乎都采用压水堆。

用于空间技术和其他方面：空间核动力装置一般包括热源和能量转换器。其中热源可以是核反应堆，但利用较多的是同位素电池；能量转换器使热能转换为电能，有静态（功率较小，效率较低）和动态（功率较大，效率较高）两类。这些装置也可以用于海洋和陆地上的特殊场合，如极地气象站等。

参考文献

[1] 刘易斯. 中国原子弹的制造[M]. 北京：原子能出版社, 1990.

[2] 方晨, 吴明静, 吕旗, 等. 解开氢弹奥秘[J]. 科学世界, 2015(3).

[3] 张璎. 核电厂工作原理及发展趋势[J]. 装备机械, 2010(4):2-7.

[4] 闫淑敏. 第一代到第四代反应堆[J]. 国外核新闻, 2004(4):31-32.

[5] 伍浩松, 闫淑敏. 第四代反应堆的未来研发重点[J]. 国外核新闻, 2014(8):12-17.

[6] 汪胜国. 各国提出的第四代反应堆概念[J]. 国外核动力, 2002:15-23.

[7] 张一鸣. ITER计划和核聚变研究的未来[J]. 真空与低温, 2006(4):231-237.

[8] 王忠秋. ITER计划——人造太阳系列知识之七[J]. 农村青少年科学探究, 2008(9).

[9] 彭先觉, 师学明. 核能与聚变裂变混合能源堆[J]. 物理, 2010(06):385-389.

[10] 彭先觉. Z箍缩驱动聚变裂变混合堆——一条有竞争力的能源技术途径[J]. 西南科技大学学报, 2010(4):1-4.

第三章
核能的优势："核"乐不为

第一节　能源家族的困扰

一、开发情况

受经济发展和人口影响，世界一次能源消费不断增加。在过去的30年里，能源消费不断增长，增长率在1.8%左右。

世界能源消费水平呈现不同的增长模式，发达国家增长率明显。经济合作与发展组织（OECD）统计发达国家能源消费水平占有率自1973年的68%下降到2003年的55.4%。世界能源消费水平趋于优势化。石油，煤炭使用比例下降，天然气上升，风能，水能，地热能等新能源相继出现。

按照当前人类的消费水平，化石能源可用年限：石油为45.5年，天然气64年，煤炭219年，铀74年。

二、开发局限性

化石能源多属于不可再生能源，虽然像煤的储量是所有矿物中最丰富的，还有石油和天然气等作为补充。然而由于其不可再生性，这些能源总有消耗完的一天。而且化石能源的利用，大多是通过燃烧实现的，在燃烧的过程中，产生各种气体、烟尘微粒，污染空气、水源，特别是排放的温室气体，使全球气候变暖，对人类的生活环境影响较大，对人体，特别是呼吸道方面影响较大。

水能是一种可再生能源，最新综合评估显示，我国水能资源理论蕴藏量近7亿千瓦，占常规能源资源量的40%。其中，经济可开发容量近4亿千瓦，年发电量约1.7亿千瓦时，是世界上水能资源总量最多的国家。但是在洪枯流量相差悬殊的河流上，或为了综合利用，需建高坝大库进行水利水能调节，往往淹没和浸没损失较大，需大量移民；土建工程量较大，使得一次投资较大、工期较长；水力发电受地形、地质等条件的限制；河流泥沙、天然径流变化等对其影响比较大等。

风能为洁净的能量来源。当前，风能设施日趋进步，大量生产降低成本，在适当地点，风力发电成本已低于发电机。风能设施多为不立体化设施，可保护土地和生态。风力发电是可再生能源，很环保。但风力发电在生态影响上存在干扰鸟类的可能，如美国堪萨斯州的松鸡在风力发电机出现之后已渐渐消失。目前的解决方案是离岸发电，离岸发电价格较高但效率也高。在一些地区，风力发电的经济性不足：许多地区的风力有间歇性，更糟糕的情况是电力需求高峰季节和时段却也是风力较少的时段。此外，风力发电需要大量土地兴建风力发电场，才可以生产比较多的能源。进行风力发电时，风力发电机会发出庞大的噪声，所以要找一些空旷的地方来兴建。

三、发展前景

未来世界能源的发展，将在低碳技术研究、开发和示范方面投入更多的资金，实现世界能源结构的改变，特别是中国正在努力将体系由"以煤为基础"的结构特征向"以煤油气为主"转化。这项国际的转化也是我国实现基础能源体系多元化战略的必然选择。

作为"水黄金"的石油也是国际的焦点，而石油的消耗速度更是快得惊人，现如今很多大型汽车企业正在制造混合动力车和纯电动车，许多国家也鼓励消费者买这样的产品，希望借此缓解石油危机。

总的来说，人们正在致力于寻找新的、可利用的、清洁的能源，在更加有效地利用现有能源的前提下，实现世界现在的能源现状未来向"低碳和可持续"的方向发展，为地球、为人类谋取更好、更快、更具有可持续性的未来！

第二节　地球母亲的担忧

一、世界面临的环境问题

随着世界经济的发展，具有全球性影响的环境问题日益突出。在世界范围内，不仅发生了区域性的环境污染和大规模的生态破坏，而且出现了温室效应、臭氧层破坏、全球气候变化、酸雨、物种灭绝、土地沙漠化、森林锐减、越境污染、海洋污染、野生物种减少、热带雨林减少、土壤侵蚀等大范围的和全球性的环境危机，严重威胁着全人类的生存和发展。目前，世界面临的主要环境问题有以下几方面。

（一）全球气候变暖

由于人口的增加和人类生产活动的规模越来越大，向大气释放的二氧化碳（CO_2）、甲烷（CH_4）、一氧化二氮（N_2O）、氯氟碳化合物（CFC）、四氯化碳（CCl_4）、一氧化碳（CO）等温室气体不断增加，导致大气的组成发生变化。大气质量受到影响，气候有逐渐变暖的趋势。由于全球气候变暖，将会对全球产生各种不同的影响，较高的温度可使极地冰川融化，引起海平面上升，因而将使一些海岸地区被淹没。全球变暖也可能影响到降雨和大气环流的变化，使气候反常，易造成旱涝灾害，这些都可能导致生态系统发生变化和破坏，全球气候变化将对人类生活产生一系列重大影响。

（二）臭氧层的耗损与破坏

在离地球表面10～50千米的大气平流层中集中了地球上90%的臭氧气体，在离地面25千米处臭氧浓度最大，形成了厚度约为3毫米的臭氧集中层，称为臭氧层。它能吸收太阳的紫外线，以保护地球上的生命免遭过量紫外线的伤害，并将能量贮存在上层大气，起到调节气候的作用。但臭氧层是一个很脆弱的大气层，如果进入一些破坏臭氧的气体，它们就会和臭氧发生化学作用，臭氧层就会遭到破坏。臭氧层被破坏，将使地面受到紫外线辐射的强度增加，给地球上的生命带来很大的危害。研究表明，紫外线辐射能破坏生物蛋白质和基因物质脱氧核糖核酸，造成细胞死亡；使人类皮肤癌发病率增高；伤害眼睛，导致白内障而使眼睛失明；抑制植物如大豆、瓜类、蔬菜等的生长，并穿透10米深的水层，杀死浮游生物和微生物，从而危及水中生物的食物链和自由氧的来源，影响生态平衡和水体的自净能力。

（三）酸雨蔓延

酸雨是指大气降水中酸碱度（pH）低于5.6的雨、雪或其他形式的降水。这是大气污染的一种表现。酸雨对人类环境的影响是多方面的。酸雨降落到河流、湖泊中，会妨碍水中鱼、虾的成长，以致鱼虾减少或绝迹；酸雨还导致土壤酸化，破坏土壤的营养，使土壤贫瘠化，危害植物的生长，造成作物减产，危害森林的生长。此外，酸雨还腐蚀建筑材料，有关资料说明，近十几年来，酸雨地区的一些古迹特别是石刻、石雕或铜塑像的损坏超过以往百年以上，甚至千年以上。

（四）大气污染

大气污染的主要因子是悬浮颗粒物、一氧化碳、臭氧、二氧化碳、氮氧化物、铅等。大气污染导致每年有30万～70万人因烟尘污染提前死亡，2 500万的儿童患慢性喉炎，400万～700万的农村妇女儿童受害。

二、我国面临的环境问题

大气污染是我国第一大环境污染问题。2011年，中国二氧化硫年排放量高达1 857万吨，烟尘1 159万吨，工业粉尘1 175万吨，大气污染十分严重。我国大多数城市的大气环境质量超过规定的标准，47个重点城市中，约70%以上的城市大气环境质量达不到国家规定的二级标准；参加环境统计的338个城市中，137个城市空气环境质量超过国家三级标准，占统计城市的40%，属于严重污染型城市。

大气污染的主要来源包括：

（1）化石燃料的燃烧，主要是煤和石油燃烧过程中排放的大量有害物质，如烧煤可排出烟尘和二氧化硫；烧石油可排出二氧化硫和一氧化碳等。

（2）生产过程中排出的烟尘和废气，以火力发电厂、钢铁厂、石油化工厂、水泥厂等对大气污染最为严重。

（3）交通运输性污染，汽车、火车、轮船和飞机等排出的尾气，其中汽车排出有害尾气距呼吸带最近，而能被人直接吸入， 其污染物主要是氮氧化物、碳氢化合物、一氧化碳和铅尘等。

大气污染对人体、工农业、气候都有严重的影响，主要如下。

（一）对人体的危害

人类体验到的大气污染的危害，最初主要是对人体健康的危害，随后逐步发现了对工农业生产的各种危害以及对天气和气候产生的不良影响。人们对大气污染物造成危害的机理、分布和规模等问题的深入研究，为控制和防治大气污染提供了必要的依据。大气污染后，由于污染物质的来源、性质、浓度和持续时间的不同，污染地区的气象条件、地理环境等因素的差别，甚至人的年龄、健康状况的不同，对人均会产生不同的危害。

大气污染对人体的影响，首先是感觉上不舒服，随后生理上出现可逆性反应，再进一步就出现急性危害症状。大气污染对人的危害大致可分为急性中毒、慢性中毒、致癌三种。

大气污染物主要分为有害气体（二氧化碳、氮氧化物、碳氢化合物、光化学烟雾和卤族元素等）及颗粒物（粉尘和酸雾、气溶胶等）。它们的主要来源是工厂排放，汽车尾气，农垦烧荒，森林失火，炊烟（包括路边烧烤），尘土（包括建筑工地）等。

（二）对工农业的危害

大气污染对工农业生产的危害十分严重，这些危害可影响经济发展，造成大量人力、物力和财力的损失。大气污染物对工业的危害主要有两种：一是大气中的酸性污染物和二氧化硫、二氧化氮等，对工业材料、设备和建筑设施的腐蚀；二是飘尘增多给精密仪器、设备的生产、安装调试和使用带来的不利影响。大气污染对工业生产的危害，从经济角度来看就是增加了生产的费用，提高了成本，缩短了产品的使用寿命。

大气污染对农业生产也造成很大危害。酸雨可以直接影响植物的正常生长，又可以通过渗入土壤及进入水体，引起土壤和水体酸化、有毒成分溶出，从而对动植物和水生生物产生毒害。严重的酸雨会使森林衰亡和鱼类绝迹。

（三）对气候的危害

大气污染物质还会影响天气和气候。颗粒物使大气能见度降低，减少到达地面的太阳光辐射量。尤其是在大工业城市中，在烟雾不散的情况下，日光比正常情况减少40%。高层大气中的氮氧化物、碳氢化合物和氟氯烃类等污染物使臭氧大量分解，引发的"臭氧洞"问题，成为了全球关注的焦点。

从工厂、发电站、汽车、家庭小煤炉中排放到大气中的颗粒物，大多具有水汽凝结核或冻结核的作用。这些微粒能吸附大气中的水汽使之凝成水滴或冰晶，从而改变了该地区原有降水（雨、雪）的情况。人们发现在离大工业城市不远的下风向地区，降水量比其他地区要多，这就是所谓"拉波特效应"。如果微粒中央夹带着酸性污染物，那么在下风地区就可能受到酸雨的侵袭。

温室效应、酸雨和臭氧层破坏就是由大气污染衍生出的环境效应。这种由环境污染衍生的环境效应具有滞后性，往往在污染发生的当时不易被察觉或预料到，然而一旦发生就表示环境污染已经发展到相当严重的地步。当然，环境污染的最直接、最容易被人所感受的后果是使人类环境的质量下降，影响人类的生活质量、身体健康和生产活动。例如城市的空气污染造成空气污浊，人们的发病率上升等等；水污染使水环境质量恶化，饮用水源的质量普遍下降，威胁人的身体健康，引起胎儿早产或畸形等等。严重的污染事件不仅带来健康问题，也造成社会问题。

第三节　核能的"小宇宙"（优势与前景）

一、核能的优势

一是能量密集，功率高，为其他能源所不及。这一特点决定了它的运输量小，可以减缓交通运输压力。

二是在能量储存方面，核能比太阳能、风能等其他新能源容易储存。核燃料的储存占地不大，在核船舶或核潜艇中，通常两年才换料一次。相反，烧重油或烧煤设备需庞大的储存罐或占地很大。

三是核能比较清洁。世界上大量有机燃料燃烧后排出的二氧化硫、二氧化碳、氧化亚氮等气体，不仅直接危害人体健康和农作物生长，还导致酸雨和大气层的"温室效应"，破坏生态平衡。比较起来，核电厂就没有这些危害。在全球限制温室气体排放的大环境下，发展核能几乎被认为是兼顾发展经济和减少温室气体排放的唯一途径。从而有效地削减主要污染物排放量，改善当地的环境空气质量，为人民群众创造良好的生产生活环境。

四是核电比火电"经济"。电厂每度电的成本是由建造折旧费、燃料费和运行费这三部分组成。主要是建造折旧费和燃料费，核电厂由于特别考虑安全和质量，建造费高于火电厂，一般要高出30％～50％，但燃料费则比火电厂低得多。

二、核能的发展前景

我国核电发展技术路线已经确定。坚持发展百万千瓦级压水堆核电技术路线，实施中采取技术引进和创新相结合的方针。为使我国核电建设不停步，满足电力发展需求，以现有成熟的二代改进型核电技术为基础，通过设计改进和研发，建设一批百万千瓦级压水堆核电厂。这是一条正确的规模化发展核电的道路。即使暂不考虑新引进的AP1000，到2020年建成的7 000万千瓦核电装机容量都是二代改进型，也不到可建造装机容量的30％，还有70％的余地建造较先进的第三代核电，仍然是那时世界核电机型比例最优秀的国家。

应当意识到，我国人口众多，要在保护环境的同时使经济继续发展，让老百姓过上像样的生活，必须不停步地加速核电建设，此外别无出路。铀资源市场是全球化的市场；核燃料循环产业是充分市场化的国际化产业，我国必须成为世界上核电规模最大的国家。

坚持发展新一代核能，不能固守老路。从原理上讲，消耗天然铀资源的热堆核电是不可持续的能源。要在2050年前后"使核能对CO_2控制做出显著的贡献，大致需要使世界核电容量上升10倍"。因此，只要聚变堆和太阳能发电时代尚未到来，快堆是必须要建的。

　　过去希望尽快引进快堆核电厂，但现在情况有些变化。因为"铀资源不是核电发展的瓶颈"。根据中核集团报道，我国的铀资源有"数百万吨"。要想想近期这些铀怎么用经济上最合算。此外，还有必要看看目前世界新一代核能系统研究的发展趋势，想想如何开发或"引进"新一代核能系统最有利。其实，近期内快堆核电厂还急不上去。即使成套引进，也不像第三代压水堆那么简单。应当全面总结过去的经验教训，使"路子"走得好些，不留遗憾。"新一代"核能系统必须按照"系统"的观念，瞻前顾后，科学地规划，进行更广泛科学试验，选定最适合中国国情的核能系统，那样才能不错走一步路！

　　按照第四代核能系统论坛（GIF）的概念，最有希望的新一代核能有六个系统。我国应约参加了GIF，目前开展研究的有三个系统：钠冷快堆系统、模块式超高温气冷堆、超临界水冷堆。但这三个系统没有一个系统完全符合或兼顾了新一代核能系统的全部技术目标。开发新一代核能系统的主要目标不单纯是发电，现在就确定中国新一代核能系统的方向，还为时过早。中国核电的当务之急是加快建造现代核电厂，提高核电在电力配置中的比例。

　　此外，在进一步发展现有核电技术的基础上，我国应该进一步向核聚变技术的应用靠近。众所周知，核聚变的产能效应是核裂变的几倍，而且聚变的原料无限多且不会产生放射性的核废料。所以，将核聚变技术应用于核电产业将是未来核电产业的一个主要的发展方向。然而，核聚变不能应用于核电产业的最主要的原因就是核聚变的不可控性。只要突破这个难题，相信将核聚变应用于核电产业并非不可实现，那时真正的无污染、清洁且高效能源将会毫无疑问地成为世界能源产业的主基石。

附记：世界和我国发展现状和规划

核电作为一种安全、高效的清洁能源，在全球范围内得到广泛应用，成为能源"低碳"发展的高效解决方案。2011年日本福岛核电厂事故，对世界核电发展造成巨大冲击。在一段时间里，对核电安全的不信任成为社会舆论的主流，影响甚至主导了一部分国家政府的决策。

在舆论的巨大压力下，德国、瑞士等提出了"弃核"的主张，日本也从原先规划的"核电占发电量的一半以上"降低到"不超过16%"，甚至提出"零核电"的主张。而世界绝大多数国家，特别是新兴经济体发展中国家，坚持发展核电，把核电作为促进经济发展、保障能源供应、调整能源结构的重要依靠。福岛核事故后，各国对核电厂进行全面安全检查，普遍提高了安全标准及核安全监管的力度。据IAEA统计，目前全球194个核电厂拥有运行核电机组434台，在建69台，未来20年，全球至少新建80～90台机组。到2030年，全球核能发电比例将比现在增长20%以上，甚至有望增加一倍。

在福岛核事故发生之前，我国曾有一段核电大发展的时期。2005年国务院颁布《核电发展中长期规划（2005—2020年）》，提出"积极发展核电"的方针。中国核电走上快速发展之道。"规划"中提出到2020年，我国核电在运4 000万千瓦，在建1 800万千瓦的目标。

福岛核事故改变了中国核电发展节奏。福岛核事故发生以后，国务院召开会议听取有关情况汇报，强调要把安全放在核电发展的第一位。会议决定：组织对核设施的全面安全检查，加强运行核设施的安全管理，同时对新上核电项目要严格审批，在核电安全规划批准之前不上新的核电项目。2011年，国家没有开工任何项目，而是在吸收福岛核事故经验教训的基础上，结合我国核电厂的实际情况，投入精力对现有和在建核电厂进行全面检查和整改，排除了大量不安全因素，国内核电厂的安全性得以进一步提高。

截至2013年12月，我国在浙江秦山、广东大亚湾、江苏田湾、辽宁红沿河、福建宁德五个基地有17台核电机组在运行，总装机容量 1 470万千瓦，约占全国发电装机总量的1.19%，2013年核电发电量占全国发电量的2.11%。

然而能源消费的持续增长，让我国的能源形势愈发严峻。我国的能源形势主要面临下面几个挑战：

（1）我国处于工业化和城镇化发展阶段，能源需求仍持续增长。预计2030年能源需求达9万亿度，传统能源难以满足。

（2）能源安全问题。2013年石油对外依存度达60%，跨境运输存在安全问题。

（3）我国能源必须向低碳转型，环境污染越来越恶化，大范围的雾霾、水体污染、土壤污染问题频现，成为我国经济和社会发展和稳定的重大问题。

而核电在我国当前的能源形势下，有着不可替代的优势：

（1）核电是稳定、洁净，高能量的能源，可规模化替代煤炭，支撑电力未来增长的需求。

（2）核电技术是高科技的综合集成，技术含量高，产业链条长，对从业人员素质要求高，体现国家的科技竞争力，发展核电有利于推动我国整体工业的水平，提升我国在国际产业分工的地位。

（3）核电具有较强的经济竞争力。

因此，经过长达4年的整改与技术沉淀，在2015年的两会上，国家正式提出重启核电的议题。按照中央的要求，采用国际最高安全标准，在确保安全的前提下，我国将启动新的一批核电建设工程。国务院印发《能源发展战略行动计划（2014—2020年）》，明确了到2020年，核电装机容量达到5 800万千瓦，在建容量达到3 000万千瓦以上。我国自主设计的三代核电技术"华龙一号"也已经通过国家能源局和国家核安全局联合组织的设计审查。

我国核电厂自投入运行以来一直保持良好的安全记录，没有发生一起超剂量辐照事故，电厂周围辐射水平保持在天然本底范围内。核电机组的主要运行指标达到世界先进水平，取得了良好的经济、社会与环境效益，核电厂建设得到地方政府与周围群众的广泛理解与支持。

参考文献

[1] 周凌云. 世界能源危机与我国的能源安全[J]. 中国能源, 2001(1):12-13.

[2] 李申生. 世界范围的常规能源危机[J]. 太阳能, 2003(2):15-15.

[3] 白少成. 浅谈世界能源危机及中国的战略抉择[J]. 实验科学与技术, 2006(S1):168-170.

[4] 梅雪芹. 20世纪80年代以来世界环境问题与环境保护浪潮分析[J]. 世界历史, 2002(1):90-98.

[5] 马宗晋. 世界环境问题和中国减灾工作研究进展[J]. 地学前缘, 2007(6):1-5.

[6] 左跃, 叶翔. 我国核设施邻避问题主要特征与应对措施探讨[J]. 世界环境, 2015(1):61-63.

[7] 印文. 世界环境十大问题[J]. 绿化与生活, 1998(2).

[8] 马宗晋. 世界环境问题和中国减灾工作研究进展[J]. 地学前缘, 2007(6):1-5.

[9] 姜象鲤. 当代世界重大环境问题[M]. 北京：中国标准出版社, 1991.

[10] 李周. 中国环境问题[M]. 郑州：河南人民出版社, 2000.

[11] 曲格平. 中国环境问题及对策[M]. 北京：中国环境科学出版社, 1987.

[12] 陶军辉. 当代中国环境问题及解决对策初探[J]. 南方农机, 2015(5):55-56.

[13] 韩哲. 马克思主义生态哲学与中国环境问题研究[J]. 科技创新导报, 2014(34):222-223.

[14] 史永谦. 核能发电的优点及世界核电发展动向[J]. 能源工程, 2007(1):1-6.

第四章
核能安全："核"睦相处

第一节 "愤怒的小能"

能源是向人们提供能量的自然资源，与我们的生活和社会的发展息息相关。在当今的世界，主要利用的能源有化石燃料（煤、石油、天然气）、水能、风能、核能等，那么它们在带给我们能量的同时，是否存在着风险和不良的影响呢？下面让我们来看看使用这些能源发生的重大事故、事故造成的经济损失以及带来的影响。

一、化石燃料

目前，环境污染问题大部分是由使用化石燃料所引起的，化石燃料燃烧会放出大量的烟尘、二氧化碳、二氧化硫、氮氧化物等，由二氧化碳等有害气体造成的"温室效应"，将使地球气温升高，会造成气候异常，加速土地沙漠化过程，给社会经济的可持续发展带来灾难性的影响。同时，由于化石燃料的需求量大，在开发、运输过程中，同样存在着很多风险。

（一）石油

2010年5月5日，美国墨西哥湾原油泄漏事件引起了国际社会的高度关注，事故的原因是英国石油公司在美国墨西哥湾租用的钻井平台"深水地平线"发生爆炸，导致大量石油泄漏，浮油覆盖面积长160千米，最宽处72千米，严重破坏了生态环境。图4-1和图4-2所示为事故周边海域的污染及对生物造成的严重影响。

图4-1　事故周边海域的污染

图4-2　油污对生物造成的严重影响

　　2013年11月22日凌晨3点，位于青岛市黄岛区秦皇岛路与斋堂岛路交汇处，中石化输油储运公司潍坊分公司输油管线破裂，事故发生后，约3点15分输油作业关闭，斋堂岛街约1 000平方米路面被原油污染，部分原油沿着雨水管线进入胶州湾，海面过油面积约3 000平方米。黄岛区立即组织在海面布设两道围油栏。处置过程中，当日上午10点30分许，黄岛区沿海河路和斋堂岛路交汇处发生爆燃，同时在入海口被油污染海面上发生爆燃。事故共造成62人遇难，136人受伤，直接经济损失7.5亿元。图4-3和图4-4所示为空中拍摄到的事故现场及严重的事故后果。

图4-3　空中拍摄到的事故现场

续表

图4-4　严重的事故后果

（二）煤炭

煤炭是人类开发和使用时间最长的化石燃料，相关技术经过了不断的改良发展。尽管如此，在煤炭相关行业中仍存在着很大的事故风险。表4-1所示为我国近几年来采煤过程中发生的主要事故汇总。

表4-1　我国近几年主要采煤事故（摘自中国煤炭资源网）

时间	地点	死亡人数	事故原因及相关事件
2013年2月28日	河北张家口	12人死亡	河北省张家口市艾家沟煤矿井下发生火灾造成12人死亡
2013年1月30日	黑龙江东宁	12人死亡	被困人员全部升井12人死亡
2013年1月18日	贵州盘县	13人死亡	贵州金佳煤矿事故13名被困矿工全部遇难
2012年12月5日	云南富源	17人死亡	云南一煤矿发生煤与瓦斯突出事故 致17人死亡
2012年12月1日	黑龙江七台河	8人遇难 2人被困	黑龙江七台河煤矿透水事故已确认8人遇难

续表

时间	地点	死亡人数	事故原因及相关事件
2012年11月24日	贵州响水	23人遇难	贵州响水矿难发现最后1名矿工遗体共造成23人死亡
2012年9月6日	甘肃张掖	10人死亡	甘肃山丹煤矿被困10人全遇难
2012年9月2日	江西萍乡	14人死亡1人被困	江西萍乡矿难致14人死亡1人被困
2012年8月29日	四川攀枝花	44人死亡2人被困	攀枝花矿难致44人死亡2人被困
2012年8月13日	吉林白山	17人死亡3人被困	吉林省白山市吉盛煤矿瓦斯事故已致17人死亡3人被困
2012年2月16日	湖南耒阳	15人死亡3人受伤	湖南通报致15死3伤煤矿事故4责任人被拘
2012年2月3日	四川宜宾	13人死亡1人失踪	四川宜宾煤矿爆炸13人死亡1人失踪
2011年12月17日	湖南郴州	11人死亡	湖南省郴州一煤矿发生瓦斯爆炸事故共造成11人死亡
2011年11月10日	云南师宗	35人死亡8人失踪	云南师宗矿难8名被困矿工无生还希望已停止搜救
2011年11月3日	河南义马	10人死亡	千秋矿难致10人遇难65人生还
2011年10月29日	湖南衡阳	29人死亡	湖南衡阳矿难29人遇难事发煤矿接近枯竭瓦斯含量较高
2011年10月27日	河南焦作	18人死亡	河南九里山矿难抢险结束18名矿工全部遇难
2011年10月17日	重庆奉节	13人死亡	重庆奉节富发煤矿事故搜救工作结束死亡13人
2011年10月16日	陕西铜川	11人死亡	陕西铜川田玉煤矿瓦斯爆炸11死2伤
2011年10月11日	黑龙江鸡东	13人死亡	黑龙江鸡东金地煤矿透水事故救援结束13人遇难
2011年10月4日	贵州荔波	17人死亡	黔南州荔波县安平煤矿事故17人遇难
2011年9月16日	山西朔州	10人死亡1人失踪	朔州中煤集团煤矿透水事故遇难人数增至10人
2011年8月29日	四川大竹	12人死亡	大竹煤矿透水事故搜救结束
2011年8月14日	贵州盘县	10人死亡	贵州盘县一煤矿瓦斯爆炸10人遇难

续表

时间	地点	死亡人数	事故原因及相关事件
2011年4月2日	新疆乌鲁木齐	10人死亡	新疆矿难10遇难者全找到
2011年3月24日	吉林白山	11人死亡2人失踪	吉林白山市一煤矿发生瓦斯事故11人遇难2人失踪
2011年3月12日	贵州盘县	19人死亡	贵州盘县煤矿瓦斯爆炸事故已确认19人遇难
2010年12月7日	河南三门峡	26人死亡	河南煤矿瓦斯爆炸已致26死
2010年10月27日	贵州安顺	12人死亡	贵州安顺一煤矿发生透水事故致12死1伤
2010年10月16日	河南平顶山	37人死亡	河南平禹矿难5名失踪者遗体找到共37人遇难
2010年8月9日	吉林通化	18人被困	吉林通化煤矿事故18人被困井下
2010年8月3日	贵州遵义	16人死亡	贵州明阳煤矿发生煤与瓦斯突出事故已死亡15人
2010年8月2日	河南郑州	16人死亡	郑煤集团一整合矿井发生煤与瓦斯突出事故
2010年7月31日	黑龙江鸡西	24人死亡	鸡西煤矿透水黄金救援期已过停止搜救
2010年7月31日	山西临汾	17人死亡	山西阳煤集团地面爆炸17人亡7人重伤搜救已结束
2010年7月18日	甘肃酒泉	13人死亡	甘肃金塔煤矿透水事故被困人员全部遇难
2010年7月17日	陕西韩城	28人死亡	陕西韩城煤矿发生矿难已造成28人遇难
2010年6月21日	河南平顶山	47人死亡	平顶山煤矿爆炸已确认46人遇难
2010年5月29日	湖南郴州	17人死亡	郴州汝城曙光煤矿发生爆炸事故已致17人死亡
2010年5月13日	贵州安顺	21人死亡	贵州安顺远洋煤矿事故初步确认21人遇难
2010年5月8日	湖北恩施	10人死亡	湖北利川煤矿瓦斯燃烧事故遇难人员名单公布

续表

时间	地点	死亡人数	事故原因及相关事件
2010年3月31日	河南洛阳	46人死亡	河南伊川"3·31"矿难已致40人死亡6人失踪
2010年3月30日	新疆伊利	10人死亡	新疆一在建煤矿发生冒顶事故致10人被困
2010年3月28日	山西临汾	33人死亡	王家岭透水事故抢险结束最后一名被困工人遗体找到
2010年3月15日	河南新密	25人死亡	河南新密东兴煤矿井下电缆起火25人遇难
2010年1月8日	江西新余	12人死亡	江西新余煤矿发生火灾12人被困
2010年1月5日	湖南湘潭	34人死亡	湘潭煤矿火灾困27人
2009年12月28日	云南楚雄	11人死亡	云南一煤矿发生重大瓦斯事故
2009年12月27日	山西介休	12人死亡	山西介休一煤矿瓦斯燃烧12人死亡
2009年11月27日	吉林梅河口	16人死亡	吉林一煤矿发生透水事故17人被困
2009年11月26日	贵州黔西南	10人死亡	贵州一起煤矿事故9死1失踪
2009年11月21日	黑龙江鹤岗	108人死亡	黑龙江鹤岗新兴煤矿爆炸130多人被困井下
2009年10月14日	宁夏石嘴山	14人死亡	宁夏大嘴山爆破事故7人伤亡
2009年10月9日	辽宁阜新	13人死亡	辽宁阜新一煤矿发生火灾6人遇难7人生还希望渺茫
2009年8月24日	山西和顺	14人死亡	山西和顺县煤矿瓦斯爆炸11人死亡
2009年7月23日	黑龙江鸡西	23人死亡	鸡西矿难最新进展:23人被困消防50余小时坚持营救
2009年6月17日	贵州晴隆	12人死亡	贵州晴隆县发生煤矿透水事故初步核实10人下落不明
2009年5月30日	重庆綦江	30人死亡	重庆綦江矿难致30死62伤
2009年5月16日	山西朔州	11人死亡	山西同煤麻家梁煤业发生一起中毒事故11人死6伤
2009年5月15日	云南昭通	10人死亡	云南昭茶山煤矿发生瓦斯爆炸事故10人死亡

续表

时间	地点	死亡人数	事故原因及相关事件
2009年4月17日	湖南永兴	21人死亡	湖南永兴煤矿炸药爆炸事故18人死亡3人失踪
2009年4月4日	黑龙江鸡西	12人死亡	黑龙江鸡西煤矿透水事故10人遇难2人失踪
2009年3月21日	湖南常宁	13人死亡	湖南常宁煤矿透水事故13人被困井下生死不明
2009年3月20日	贵州晴隆	10人死亡	贵州连续两天煤矿发生事故15人遇难
2009年2月23日	山西古交	74人死亡	山西古交屯兰矿难74人遇难井下搜救工作结束
2008年12月31日	贵州安顺	13人死亡	贵州安顺柏秧林煤矿透水事故：13名矿工全部遇难
2008年12月17日	湖南涟源	18人死亡	湖南涟源煤矿事故续：已造成12人死亡6人失踪
2008年12月05日	山西朔州	30人死亡	山西朔州针对山阴一煤矿瞒报重大事故嫌疑启动核查
2008年11月30日	黑龙江七台河	15人死亡	黑龙江七台河矿难死15人3官员辞职刑拘5人
2008年10月29日	陕西澄城	29人死亡	陕西澄城矿难29人全部遇难5名相关领导被停职
2008年10月29日	河南济源	21人死亡	河南济源马庄煤矿透水事故已知1人死亡
2008年10月16日	宁夏石嘴山	16人死亡	宁夏大峰矿露天煤矿发生爆炸9死42伤
2008年10月12日	四川宜宾	10人死亡	四川宜宾市江安县发生煤与瓦斯突出事故10人失踪
2008年9月21日	河南登封	37人死亡	河南登封矿难导致37人死亡7人受伤
2008年9月20日	黑龙江鹤岗	31人死亡	黑龙江鹤岗富华煤矿发生事故30余人被困井下
2008年9月13日	河南洛阳	10人死亡	河南新安煤矿发生冒顶事故7人死亡3人失踪

续表

时间	地点	死亡人数	事故原因及相关事件
2008年9月7日	河南许昌	17人死亡	河南"9·7"煤矿透水事故3人死亡14人失踪
2008年9月5日	四川宜宾	18人死亡	四川兴文矿难遇难者人数已达13人5人失踪
2008年9月4日	辽宁阜新	27人死亡	辽宁阜新一煤矿发生瓦斯爆炸已导致23人死亡
2008年8月18日	辽宁沈阳	26人死亡	辽宁法库县柏家沟煤矿瓦斯爆炸事故波及37人
2008年7月21日	广西百色	36人死亡	广西百色那读矿发生透水事故井下56人生死不明
2008年7月12日	山西长治	10人死亡	山西长治一煤矿发生透水事故
2008年7月5日	山西大同	21人死亡	山西大同南郊区发生煤矿事致1人遇难16人被困
2008年7月1日	陕西神木	18人死亡	陕西神木一煤矿发生事故致18人死亡
2008年6月13日	山西孝义	34人死亡	山西吕梁一煤矿发生爆炸事故43人被困井下
2008年5月30日	黑龙江鸡西	13人死亡	鸡东县"5·30"透水事故被困人员生还希望渺茫
2008年4月12日	辽宁葫芦岛	16人死亡	辽宁省葫芦岛市发生煤矿瓦斯爆炸14人死亡
2008年3月14日	云南昭通	14人死亡	云南威信矿难14人死亡全县煤矿停产整顿
2008年3月5日	黑龙江鹤岗	13人死亡	黑龙江煤矿事故初步确定13人被困井下
2008年1月20日	山西临汾	20人死亡	山西临汾非法采煤窝点发生瓦斯爆炸20人遇难
2008年1月18日	重庆南川	13人死亡	重庆南川区发生一起矿难13人死亡
2007年12月29日	黑龙江牡丹江	19人死亡	牡丹江一煤矿发生瓦斯事故 1人死亡18人下落不明
2007年12月5日	山西洪洞	105人死亡	山西洪洞煤矿发生瓦斯爆炸井下至少50人
2007年12月2日	云南昭通	43人死亡	云南镇雄煤矿爆炸18人死亡数十人失踪

二、水能、风能

水能、风能资源作为可再生能源，利用其发电具有成本较低、环境污染极小、维护费用低等优点，但与此对应的，则是同样让人难忘的事故和对生态环境的影响。

（一）水力发电

利用水能进行发电，重中之重便是选址与大坝建设，因此水电的事故往往与大坝相关。水坝一旦垮塌，往往会导致下游出现危险。以下所列是世界主要水坝事故：

1959年，西班牙佛台特拉水库发生沉陷垮坝，死亡144人。

1959年，法国玛尔帕塞水库因地质问题发生垮坝，死亡421人。

1960年，巴西奥罗斯水库在施工期间被洪水冲垮，死亡1 000人。

1961年，苏联巴比亚水库洪水漫顶垮坝，死亡145人。

1963年，意大利瓦伊昂拱坝水库失事，死亡2 600人。

1963年，中国河北刘家台土坝水库失事，死亡943人。

1967年，印度柯依那水库诱发地震，坝体震裂，死亡180人。

1979年，印度曼朱二号水库垮坝，死亡5 000～10 000人。

图4-5所示为南天水电站蓄水坝溃坝现场。图4-6所示为大平坳电站溃坝。

图4-5 南天水电站蓄水坝溃坝现场

图4-6 大平坳电站溃坝

同时，因水电站修建引起的河道淤塞、航运能力下降等问题目前也亟待解决。

（二）风力发电

风能发电的安全系数相对较高，事故中很少会造成人员伤亡。但是建设风力发电厂往往会占据较大面积的土地，成本较高，且受风力条件影响很大。图4-7和图4-8所示为风力发电机故障及烧毁。

图4-7　风力发电机故障

图4-8　风力发电机烧毁

三、核能

核能发电具有很多优点，但若发生事故，往往也较为严重。

1986年4月26日，切尔诺贝利核电厂第四号反应堆在进行试验时发生了反应堆熔毁，引起爆炸，冲破保护壳，并引发厂房起火，放射性物质泄漏，引发了一场世界上最严重的核事故。爆炸使机组被完全损坏，大量强辐射物质泄露，尘埃随风飘散，致使俄罗斯、白俄罗斯和乌克兰许多地区遭到核辐射的污染。

2011年3月11日，日本东北部海域发生里氏9.0级强烈地震，并由之引发23米的海啸，导致福岛核电厂第1、2、3号机组紧急停运。由于一回路泄压导致大量氢气被释放到反应堆厂房内，发生化学爆炸，使反应堆遭到巨大破坏并引起严重的放射性物质泄漏。正处于换料大修的4号机组由于强震引起乏燃料储存水池渗漏，乏燃料组件逐渐裸露，引发部分放射性物质泄漏。图4-9和图4-10所示为福岛核事故现场。

图4-9　福岛核事故现场

图4-10　福岛核事故现场俯瞰

事故发生后，日本政府要求20千米范围内群众全部疏散，30千米范围内建议留在室内，疏散人员总计约21万人。事故后泄漏的放射性核素在北半球多个国家被检测到，但检测出的量非常微小，对健康不构成影响。截至目前，福岛核电厂的后续处置工作仍在进行中。处置费用预计将超过切尔诺贝利事故的处置费用。

能源为我们的生活带来了极大的便利，但与此同时，因各种因素造成的能源事故也在时刻提醒着我们："愤怒的小能"，不容轻视啊。

第二节　"低调"的核能

一、对环境的影响

（一）核能发电和其他能源对环境的影响比较

国际能源署(International Energy Agency)于2010 年6 月16 日称，核能发电量至2050年可能会占全球发电量的25% ，这对减少温室气体排放将作出巨大贡献，根据国际能源机构的计算结果，届时，全球二氧化碳的排放量将可减少50%。

我国一次能源以煤炭为主，长期以来，煤电发电量占总发电量的70% 以上。大量发展火电厂给煤炭生产、交通运输和环境保护带来巨大压力。随着经济发展对电力需求的不断增长，火力发电对环境的影响也越来越大。以一座百万千瓦级火电厂为例，每年要耗煤200万～300万吨，每年向大气排放数百万吨CO_2、SO_2、烟灰等有害物质。表4-2是百万千瓦级火电厂和核电厂对环境影响的比较。

表4-2　百万千瓦级火电厂和核电厂对环境影响的比较

电厂类型（100万兆瓦）	周围居民受到辐射剂量/（毫希/年）	需要燃料/年	采矿面积（亩/年）	SO_2排放量/（万吨/年）	氮氮化物排放量/（万吨/年）	烟灰/（吨/年）	CO_2排放量/（万吨/年）
燃煤发电厂	0.048	256 万吨	1 210	2.6	1.4	3 500	680
核电厂	0.018	20~30吨核燃料	30~42	0	0	0	0

从上表可以看出，与火力发电相比，百万千瓦级核电厂每年少向大气排放烟灰、CO_2、SO_2、氮氧化物等有害物数百万吨，同时，也大大减轻了相应的交通运输压力。

有学者对我国20世纪90年代中期的煤电链和核电链对环境的影响进行了比较研究。煤电链是指从采煤、洗煤、运输、发电到废渣的利用和处置；核电链是指从铀的开采、水冶、转化、浓缩、元件制造、发电、后处理到废物处置。煤电链是基于20世纪90年代中期的全国平均值，核电链中天然铀开采和提取的数值是基于全国的平均值，比较研究结果如下。

（1）对环境的影响。在正常情况下就可观察到排放SO_2和NO_x等对森林、农作物等的明显影响。研究表明，1993年酸雨和SO_2对江苏等东部七省农作物造成的经济损失为37亿元、森林为60亿元，1995年排放SO_2的酸沉降对全国农作物和森林造成的经济损失为993亿元，如果加上对人体、建筑物、桥梁和设备等造成的危害，损失则更大。

（2）对气候的影响。煤电燃料链温室气体排放系数约为1 302克等效CO_2/千瓦时，核电燃料链为13.7克等效CO_2/千瓦时，煤电燃料链的排放系数为核电燃料链的95倍。

根据环境保护部、国家统计局和国家发改委发布的《2009年上半年各省、自治区、直辖市主要污染物排放量指标公报》结果显示，全国SO_2排放总量1 147.8万吨，化学需氧量排放总量657.6万吨。相比之下，核电向环境排放的废物要少得多，大约是煤电的几万分之一。它不排放SO_2、苯并芘，也不产生粉尘、灰渣，是排放温室气体最少的能源，也是减小温室气体排放经济有效的手段。

相对于常规火电产生的大量温室气体和废渣来说，核电厂的废物排放量非常低，可以认为是零排放。但是需要说明的是核电并非严格意义上不排放，电厂需要排放放射性的废气、废水和废渣，只不过这些废弃物排放前会经严格的处理，保证其放射性和数量对于环境的影响在安全限值之下。核电厂对三废的排放非常重视，中心内容就是减少放射性。为此，核电厂设有一套精密严格的措施和制度来处理"三废"，采用先进的科学技术，使排放的放射性远低于国家允许的标准，比自然本底值还低很多。放射性物质的排放，国际上有一条原则，就是不仅要满足排放标准的要求，而且在技术和经济能够做到的情况下，尽可能减少排放。在实际运行中，核电厂向外排放的放射性“三废”仅为允许排放限制的0.01%～50%甚至更少。从美国一些压水堆核电厂在1970—1979年间的排放量和从欧洲几种堆型的核电厂在1974—1978年间的气态和液态排放量的平均值来看，由此给居民造成的最大剂量大约为本地辐射剂量的10%以下，对居民造成的平均剂量仅为0.01毫希/年左右。表4-3是核电厂废物排出液与各种常见液体放射性水平的一个比较。

（二）举例

核电厂高耸的大烟囱一丝青烟也不冒，因为核电厂是靠核燃料经核反应释放的能量来发电的，没有火焰，不产生任何粉尘烟灰。所谓的烟囱，只不过是厂房通风调节的一根排气筒。

核电厂的废气主要来自一些工艺过程和厂房的通风排气，排出前要经过三道去除放射性的过滤，绝大部分含放射性的粉尘被滤掉，只有极少极细的颗粒从烟囱排放到上空，也容易随风飘散。还有一些带放射性的气体物质如碘，要专门设置气体吸附器来去除。最后再经过放射性的仪器测量把关才能从烟囱排出去。一些来自工艺过程的废气，有时带的放射性较强，需要将其压缩到衰变箱内贮存一段时间，待其放射性自然衰变减少到一定程度，再通过过滤器。

液体排放也一样，各处厂房产生的废水或洗涤水，都必须收集起来，按照其放射性的强弱和含盐量的多少分类进行处理。如贮存衰减、蒸发浓缩、离子交换、电渗析、反渗透等都是常用的方法，通常都采用综合处理流程，处理后的水再经监测允许，可循环复用，一部分经稀释后排到江河海洋。实际上处理后的排水清澈干净，许多核电厂排水的放射性含量甚至比一般河水、海水、啤酒、自来水的含量还低，人们在核电厂旁边养鱼养虾，游泳垂钓，不存在任何安全问题。在寒冷的地区，还可以利用核电厂排水有较高的温度，来调节水产养殖场的水温，以提高产量增加品种。

无论是气体或液体的排放，都有准确而灵敏的测量仪器在监督，在排放口还有自动控制装置，一旦排放物的放射性水平超过控制限值，特设的阀门便会自动关闭，停止外排，并发出报警信号给当班人员及时加以处理。所有的排放情况都有详尽的记录，供查询和研究。

至于固体废物，包括蒸发残留下的浓渣、过滤后的泥浆、离子交换用下来的废树脂、用过的过滤器芯、报废的设备和工具以及劳保用品等。可压缩的废物或可燃烧的废物，经过压缩和焚烧减少其容积。对于泥浆、残渣、灰烬、废树脂等，则利用水泥、沥青或塑料和它们掺和一起，然后封装在金属或水泥桶内，制成固体块，这样就不容易散失。最后将这些桶块送到永久性的贮存库堆放，长期埋藏起来。放射性最强的要算用完了的核燃料，这些废物先卸到深水池里存起来，并保持上面有一层6～7米厚的水层，为的是阻挡射线跑出来。废燃料在水池里存放相当长的时间以后，再用特制的屏蔽运输车送到废燃料处理厂进行处理，并可提取一些宝贵的金属，在那里废燃料又变成了"宝"。

正因为核电厂对三废的控制很严，又有一系列的技术措施加以保证，将排放的放射性减至最低限度。因而许多核电厂实际运行的监测数据说明，对周围环境的影响是很小的。然而我们熟悉的燃煤电厂，对环境也有放射性影响，而且比核电厂还大，这是许多人所不知道的。燃煤的排放物中有放射性，最初是由美国的一位工程师提出来的，不少国家都开展了这方面的研究，证实确实如此。我国核能专家也调查了全国大小煤矿出产煤的放射性，并且还与同样规模的核电厂排放物作了比较研究，也得出了同样的结论。

燃煤发电厂的放射性排放，源自煤中含有微量的放射性物质，如镭、钍等，在燃烧时有一部分随着烟气流从烟囱排入大气，一部分留在煤渣里被倒掉，放射性元素也随着扩散到周围环境。仅烟囱排出的放射性对居民造成的照射剂量，就比核电厂要大2～3倍。但是从总体上看，无论是燃煤电厂还是核电厂，在正常运行时对人体造成的影响都是很微小的，比天然本底还小得多，并不损害人体健康。

二、对人类健康的影响

同样根据上述对煤电链和核电链对环境的影响进行的比较研究发现，从对公众产生的辐射照射看，煤电燃料链为420人·希/兆瓦年，核电燃料链为8.39人·希/兆瓦年，煤电燃料链约为核电燃料链的50倍。就非辐射而言，采用健康危害评价方法，煤电链为12人·希/兆瓦年，核电链为0.67人·希/兆瓦年，煤电链比核电链高1个数量级。

而对于辐射来说，人类无时无刻不在接受着各种天然射线的照射，辐射存在于整个宇宙空间，人类有史以来一直受着天然电离辐射源的照射，如宇宙射线，存在于土壤、岩石、水和大气中的铀-238，铀-235，钍-232，钾-40，镭-226等，这些天然射线的照射就是天然本底辐射。

另外，人类开展的与核相关的活动引起的辐射照射也是我们在生活中会接触到的一个重要部分，一般称为人工辐射。人工辐射主要是医疗照射，例如，一次胸部透视可以达到0.02毫希。联合国原子辐射影响科学委员会2010年发布报告称，在所有人工辐射中，医疗辐射所占的比例高达98%。而核电厂产生的核辐射剂量非常小，约为0.25%。图4-11所示为各种类活动放射性水平。

目前，按国家标准，每座核电厂向环境释放的放射性物质对公众造成的有效剂量应小于0.25毫希/年，核电厂运行对周围居民的辐射影响，远远低于天然辐射，可以说微乎其微。中国核工业30年辐射环境质量评价表明：核工业对评价范围内居民产生的集体剂量小于同一范围内居民所受天然辐射剂量的1/10 000。核设施周围关键居民组(指所受剂量中的最大者) 所受剂量基本上均小于天然本底的1/10。秦山、大亚湾核电基地小于1/100。

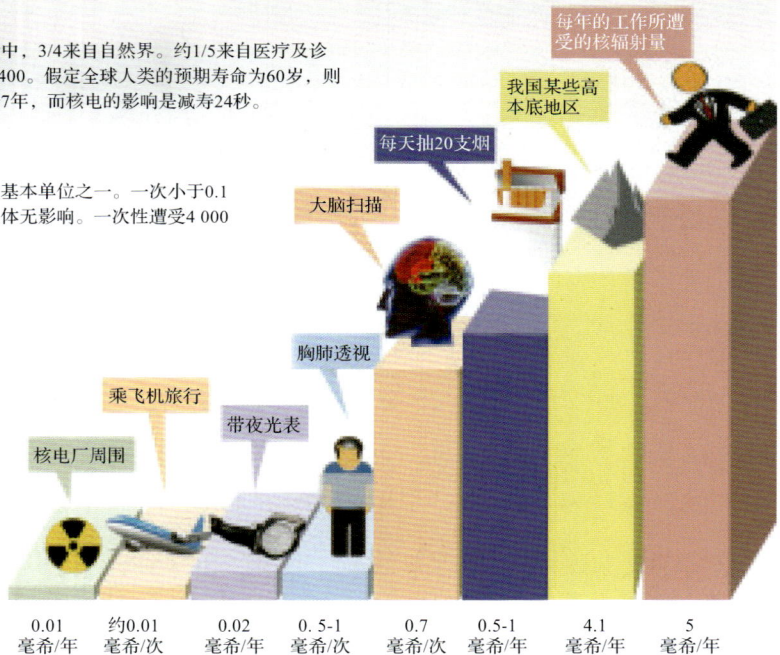

生活中的辐射
全人类集体辐照剂量中，3/4来自自然界。约1/5来自医疗及诊断，核电的份额是1/400。假定全球人类的预期寿命为60岁，则每天抽一包烟将减寿7年，而核电的影响是减寿24秒。

名词解释：毫希弗
毫希弗是辐射剂量的基本单位之一。一次小于0.1毫希弗的辐射，对人体无影响。一次性遭受4 000毫希费会致死。

每年的工作所遭受的核辐射量
我国某些高本底地区
每天抽20支烟
大脑扫描
胸肺透视
乘飞机旅行　带夜光表
核电厂周围

| 0.01毫希/年 | 约0.01毫希/次 | 0.02毫希/年 | 0.5-1毫希/次 | 0.7毫希/次 | 0.5-1毫希/年 | 4.1毫希/年 | 5毫希/年 |

图4-11　日常生活中的辐射水平

第三节 驯服核能的法宝

一、主要技术

核电厂安全设计中辐射防护接受准则必须遵循以下原则：正常运行工况下的放射性排放低于预订的限值，因而对环境和公众的影响可以忽略不计；导致高辐射剂量或放射性物质大量释放的核电厂事故的发生概率要低；而发生概率较高的辐射后果要小。为了满足核电厂的辐射防护安全准则，现有核电厂的设计、建造和运行贯穿了纵深防御的安全原则。

（一）纵深防御设计

纵深防御概念应用于核动力厂的设计，提供一系列多层次的防御（固有特性、设备及规程），用以防止事故并在未能防止事故时保证提供适当的保护。第一层次防御目的是为防止偏离正常运行和系统故障。这一层次要求按照恰当的质量水平和工程实践正确保守地设计、建造和运行核电厂。第二层次的防御目的是检测和纠正偏离正常运行的情况，以防止预计运行事件升级为事故工况。这一层次要求设置由安全分析所确定的专用系统并制定运行规程，以防止或尽量减少这些假设始发事件所造成的损坏。设置第三层次的防御是基于以下假定：尽管极少可能，某些预计运行事件或始发事件的升级仍有可能未被前一层次的防御所制止，可能发展为更严重的事件。这些极少可能的事件是在核电厂的设计基准中所预期的，因此，必须提供固有安全特性、故障安全设计、附加的设备和规程以控制其后具，并在这些事件之后达到稳定的、可接受的状态。第四层次的防御目的是应付已经超出设计基准事故的严重事故，并保证放射性后果在合理可行尽量低的水平。这个层次最重要的安全目标是保护包容功能。通过减轻所选定的严重事故的后果，加上事故处置规程，可以完成这个目标。第五层次即最后层次的防御目的是为减轻事故工况下可能的放射性物质释放后果。这一层次要求具有适当装备的应急控制中心，制定和实施厂区内和厂区外的应急响应计划。

（二）核电厂在设计时的四道屏障

第一、二道屏障是燃料元件和包壳。轻水堆核燃料采用低富集度二氧化铀，将其烧结成芯块。叠装在锆合金包壳管内，两端用端塞封焊住。裂变产物有固态的，也有气态的，它们中的绝大部分容纳在二氧化铀芯块内，只有气态裂变产物能部分地扩散出芯块，进入芯块和包壳之间的间隙内。

第三道屏障是将反应堆冷却剂全部包容在内的一回路压力边界。压力边界的形式与反应堆类型、冷却剂特性以及其他设计考虑有关。压水堆一回路压力边界由反应堆容器和堆外冷却剂环路组成，包括蒸汽发生器传热管、泵、稳压器和连接管道。压力容器通常由壁厚20厘米左右的不锈钢做成，可以承受一百多个大气压的压力，避免放射性物质释放出去。为确保第三道屏障的严密性和完整性，防止带有放射性的冷却剂漏出，除了设计时在结构强度上留有足够的裕量外，还必须对屏障材料的选择、制造和运行给以极大注意。

第四道屏障是安全壳，即一回路厂房。它将反应堆、冷却剂系统的主要设备(包括一些辅助设备)和主管道包容在内。当事故(如失水事故、地震)发生时，它能阻止从一回路系统外逸的裂变产物泄漏到环境中去，是确保核电厂周围居民安全的最后一道防线。安全壳也可保护重要设备免遭外来袭击(如飞机坠落)的破坏。对安全壳的密封有严格要求，如果在失水事故后24小时内安全壳总的泄漏率小于0.3％安全壳内所含气体的质量，则认为达到要求。为此，在结构强度上应留有足够的裕量，以便能经受住冷却剂管道大破裂时压力和温度的变化，阻止放射性物质的大量外逸。它还要设计得能够定期进行泄漏检查，以便验证安全壳及其贯穿件的密封性。

可见，核电厂在确保包容放射性物质方面做了非常周到的考虑，利用多道屏障的方式防止其泄漏，只要能确保任何一道屏障完好，就可以避免放射性物质泄漏。

二、监管体系与应急保障

（一）国家监督管理

为保障我国的核能事业安全发展，在国家层面设立了一系列标准严格、行之有效的保障措施，主要包括以下几方面。

（1）健全的国家监管机构：国家监管机构对核电厂实行全寿期监督管理，即从选址、设计、建造、调试、运行，直到退役和废物处理处置的各个环节。我国民用核设施的核安全监督管理主要由国家核安全局负责。

（2）制定和完善核安全防护法规体系：国家有关部门发布实施核电厂厂址选择、设计、运行、质量保证、辐射防护和废物管理等安全规定以及辐射防护基本标准等，形成一整套比较完整的核安全、辐射防护法规标准体系。

（3）实行核设施安全许可证制度：核电厂在不同阶段，其营运单位要向国家核安全主管部门提交相应的报告。经审评，在条件完全符合国家有关规定后才颁发许可证。营运单位只有获得这些许可证后才能开展相应的工作。

（4）对参与单位和人员严格要求：国家对参与核电厂建设的单位，甚至小到零部件制造单位，都要经审查合格后，方可开展相应的活动。国家对参加核电厂工作的人员的选择、培训、考核和任命有严格的规定。以操纵员为例，要求选择基本素质好、有一定学历和工作经验的人员，经过课堂、核电厂模拟机和核电厂实际运行培训，再通过国家级的考试，领到操纵员执照后，才能上岗。上岗工作以后，还要定期考查和再培训，保证在工作岗位上的人员都合格。

（5）国家积极开展核电厂辐射环境现场监督性监测系统的建设：国家对核电厂实施监督性监测，核电厂辐射环境现场监督性监测系统是核电厂必须配套的环境保护设施，用以保证核电厂周围环境安全。由国家环境保护部核安全司组织编制和发布了《核电厂辐射环境现场监督性监测系统建设规范》，全国各核电厂依据此规范正在积极开展系统的选址、设计、建设、采购等工作。待核电厂辐射环境现场监督性监测系统建成后，公众可以自愿通过各种平台如微信、腾讯等沟通软件以及手机短信等方式实时接收所在地理区域的辐射环境水平情况。

（二）核电厂内部管理

同时，核能企业作为发展核能的直接参与者，为保障企业长久发展，对于自身也有着严格的要求，体现在以下几方面。

（1）严密的质量保证体系：核电厂有严密的质量保证体系。对选址、设计、建造、调试、运行直至退役等各个阶段的每一项具体活动都有单项的质量保证大纲，并严格执行。另外，还实行内部和外部监查制度，监督检查质量保证大纲的实施情况，确认起到应有的作用。例如，在建造阶段，要对设备进行监造，对施工进行监理。在运行阶段，要进行预防性检修、在役检查和定期试验，以保证机组的系统和设备的状态符合技术规范。

（2）极其严密的安全保卫系统：核电厂安全保卫工作的主要任务是：保障核材料的合法使用，防止丢失或被窃；保卫核设施，防止人为破坏；阻止非法入侵。核电厂的安全保卫工作采取技术防范与人员防范相结合的方式，其基本原则是"纵深防御"和"均衡防御"相协调。安全保卫工作采用分区管理模式。核电厂设置三道实体屏障，划分四个不同等级安全保卫区域。在区与区之间的周界上，设置功能完备的实物保护系统，包括出入控制系统、周界监测系统和中央控制系统。

此外，核电厂还有完善的安全保卫政策、程序体系和快速有效的突发事件处置和应急机制。在现场应急和突发事件处置指挥部的指挥下，常驻电厂的武警部队、公安民警、保卫干部和治安队伍，形成统一的特勤力量，按预先编制的反恐预案和突发事件处置流程快速响应，确保核电厂安全保卫的有效性。

（3）持续改进的核安全文化：在切尔诺贝利核电厂事故后，国际原子能机构提倡在核能界推行安全文化。国际上核电运行的经验表明，绝大部分事件是人为失误造成的；人的主观能动性有益于安全保障。在安全问题上，仅仅强调按程序办事，遵章守纪还不够，核电企业还必须有人人关注安全、时时注意安全、事事将安全放在第一位的氛围。核电企业的文化环境是保证安全的关键要素，这就是要倡导的安全文化。安全文化就是严格的规章制度加上良好的行为规范。它包括对决策层、管理者和个人这三个不同层次的要求。个人的安全文化素养要求包括：谦虚好学的探索态度、严谨的工作作风、合作的精神和互相交流的工作习惯。此外，还有对责任心、充分的理解能力、良好的技能和健康的心理素质等方面的要求。

参考文献

[1] http://news.bjx.com.cn/html/20140331/500632-4.shtml；北极星电力网.

[2] 曾凡刚, 王玮, 吴燕红, 等. 化石燃料燃烧产物对大气环境质量的影响及研究现状[J]. 中央民族大学学报: 自然科学版, 2001(2):113-120.

[3] 林洋, 王世荣. 风能与风力发电[J]. 黑龙江科学, 2013(10):111-111.

[4] 帅震清. 煤电厂和核电厂对环境及人体健康的影响[J]. 环境保护科学, 1989(1):1-5.

[5] 潘自强, 马忠海, 李旭彤, 等. 我国煤电链和核电链对健康、环境和气候影响的比较[C]. 中国工程院第五次院士大会. 2000:129-145.

[6] 朱继洲. 核反应堆安全分析[M]. 西安: 西安交通大学出版社, 2000.

[7] 刘华. 深入落实科学发展观 加强核与辐射安全监管体系建设[J]. 环境保护, 2009(1):20-22.